V

C.

AMÉLIORATIONS

à faire

A LA VILLE DE TOULOUSE,

Par M. Jh Bousquet.

TOULOUSE,

IMPRIMERIE DE Ve DIEULAFOY, RUE DES TOURNEURS, 45.

—

1859,

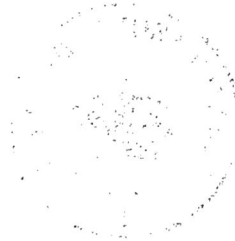

A MM. LES MEMBRES

DU CONSEIL MUNICIPAL DE LA VILLE DE TOULOUSE.

MESSIEURS,

L'affection que j'ai toujours eue pour Toulouse, quoique je n'y sois pas né, me porte à proposer des idées pour l'améliorer. Habitant de cette grande ville depuis mon enfance, j'ai vu avec la plus vive satisfaction y faire depuis vingt ans toute sorte d'améliorations ; c'est surtout depuis que M. Arzac et M. Urbain Vitry sont à la municipalité que la ville de Toulouse a changé d'une manière étonnante ; ces heureux résultats sont dûs à leur zèle infatigable, à leur goût et à leurs talents. M. de Brienne, M. de Mondran, quelques autres et de nos jours M. Arzac, ont fait tout ce qui a dépendu d'eux pour la sûreté, la prospérité et l'ornement de notre vaste et intéressante cité. A l'exemple de tous ces hommes estimables, je propose aussi des idées pour la sûreté, la prospérité et l'embellissement de notre ville, qui m'est aussi chère qu'à M. Arzac. Voyant, messieurs, que vous êtes entrés dans la voie des améliorations, cela m'enhardit à proposer mes idées. J'élabore toute sorte de propositions à ce sujet ; mais le conseil municipal étant disposé à faire des choses qui paraissent bonnes à quelques-uns de ses membres et à une partie des habitants de la cité et que je regarde comme des fautes, je m'empresse de publier mes chapitres urgents ; je ferai paraître prochainement la seconde moitié de mes propositions ; heureux si je puis faire éviter à la ville des dépenses grandes, inutiles, nuisibles même!

Je ne dis pas qu'il faut exécuter toutes mes idées dans dix ans, ni dans vingt ans ; si vous les trouvez bonnes, Messieurs, nous devons en exécuter nous-mêmes quelques-unes, nos enfants devront en exécuter quelques autres, le reste sera fait après eux ; mais nous pouvons faire tout, nous et nos enfants. Si toutes mes propositions sont adoptées, j'aurai le bonheur et la gloire d'avoir contribué à rendre Toulouse une des villes les plus importantes et les plus belles de la France ; notre cité est déjà une des premières villes du royaume par ses établissements et par sa beauté même ; pour si peu qu'on y ajoute, elle atteindra, bientôt même, par son importance et ses agréments le rang de celles qui la surpassent par la population. Si je vois exécuter quelques-unes de mes idées, ce résultat sera la plus grande et la plus douce satisfaction de ma vie.

CHAPITRE PREMIER.

Salubrité publique. — Hôpital militaire nouveau. — École Vétérinaire.

La salubrité publique est le premier devoir des municipalités. On paie des gens pour balayer et entasser les immondices et les matières fécales des rues et des autres lieux
publics ; on peut épargner cet argent dans toutes les villes
où il y a une garnison : on n'a qu'à charger un nombre
fixé de soldats de faire ce travail tous les jours, ou tous
les deux jours, dans toutes les rues sales, dans les places publiques, autour des divers édifices publics, dans
les ports, sur les quais et autour des promenades publiques ; en un mot, dans tous les lieux de la voie publique de la ville et des faubourgs. Il faudra qu'ils fassent
toujours ce travail le matin, avant le passage des tombereaux ; il faut leur ordonner de balayer et de mettre en
tas tout ce qui est sale et tout ce qui embarrasse sur la
voie publique. Les soldats feront ce travail sous la direc-
tion et les yeux de leurs caporaux ; il faudra donc les diviser
en escouades ; chaque peloton sera envoyé dans un quartier ; si quelques-uns ne s'acquittent pas complétement de
ce devoir, on leur infligera des punitions. Il faudra que la
ville leur fournisse les outils nécessaires ; voilà toute la dépense que la municipalité aura à faire. Il faudra leur ordonner
de balayer et d'entasser avec le plus grand soin toutes les
matières fécales et immondices ; ils s'acquitteront bien de
ce travail, pour ne pas être punis. On ordonnera aussi aux
tombeliers d'enlever tout avec soin. Je crois que cent soldats suffiront à Toulouse pour faire ce travail chaque jour

I

ou tous les deux jours ; les sous-officiers sont compris dans les cent soldats. Tous les soldats de la garnison (tous les soldats d'infanterie au moins) feront ce travail chacun à son tour. Pour que cela se passât avec simplicité, il faudrait qu'une compagnie entière fît ce travail chaque jour, ou tous les deux jours. Je ne vois à cette mesure qu'un inconvénient : c'est que les soldats perdront de temps en temps un jour d'exercice ; encore même, ils pourront réparer le temps perdu : ils n'auront qu'à faire l'exercice ce jour-là dans la cour de leur Caserne, après midi. Il me semble qu'on ferait bien d'employer les soldats à la salubrité de la ville ; (on ferait bien même de les employer aux divers travaux publics dans toutes les cités ; on épargnerait dans l'adjudication des travaux et on ne les verrait pas rôder et se livrer au vice). Les soldats ont les jambes bien bonnes, il ne sera donc pas du tout pénible pour eux d'aller chaque jour aux extrémités de Toulouse. Me dira-t-on que ce travail les avilira? Ce travail ne peut pas avilir des hommes qui, avant d'entrer au service, nettoyaient des fossés et répandaient le fumier avec les mains dans les champs. Si ces gens-là y sont employés, Toulouse sera enfin une ville saine ; car il leur faudra recommander aussi de balayer et d'entasser les matières fécales dans les chemins situés entre les boulevards et le nouveau rayon de l'octroi, et d'arroser le bout des rues où l'on fait beaucoup d'ordures dans la ville et dans les faubourgs, car le bout de quelques rues infecte. —Si par cas, on ne veut pas employer les soldats à ce léger travail, qu'on ordonne aux gens salariés de faire, avec soin même, tout ce que je dis ici.

Les cabinets publics d'aisance n'ont pas rendu la ville plus saine, car les rues sont aussi sales qu'auparavant ; ces cabinets publics sont même des foyers d'infection ; ils infectent les passants et les maisons voisines. Si donc on conserve ces lieux publics d'aisance, qu'on les vide bien souvent. — On vient d'enlever les urinoirs publics ; on a mal fait, car désormais le bout de quelques rues infectera. Qu'on se hâte donc de les rétablir ; il faut même dorénavant que les urinoirs soient couverts ; on doit prendre pour modèle ceux des rues de Bordeaux. Il faut qu'il y en ait désormais plus qu'il n'y en avait.—Il faut défendre aux vachers de loger dans la ville ; qu'on les oblige de tenir leurs vaches et leurs ânesses au fond des faubourgs, ou sur les côtés des faubourgs. — Nous avons encore des aqueducs à construire autour de la ville. Qu'on termine bientôt celui qui est entre l'allée Lafayette et le nouveau Marché au bois; que l'on continue bientôt aussi l'aqueduc de la rue des Renforts jusques à la Garonne, le long de l'ancien mur de ville, c'est-à-dire qu'on délivre le faubourg Saint-Michel de ce vilain fossé ; cet espace deviendra une rue. Je me borne à désigner ces deux aqueducs. Il est surprenant que tous les aqueducs ne soient pas faits depuis long-temps même dans toutes les villes.

Mais Toulouse a un foyer d'infection plus considérable que tous ceux que je viens de désigner : c'est l'Hôpital militaire. Cet établissement est très mal situé, puisque il est entre trois Casernes : celle de la Daurade, celle des Jacobins et celle de Saint-Pierre ; voilà quatre foyers d'insalubrité à côté les uns des autres, et malheureusement encore ils sont entourés de quartiers pauvres et populeux. Il ne faut donc pas manquer de déplacer l'Hôpital militaire, (d'ailleurs, je propose dans un autre chapitre de former des établissements publics dans l'Hôpital militaire ; voyez les autres chapitres). Le simple sens commun dit que tous les Hôpitaux civils et militaires devraient être situés sur les rivières ou du moins hors des villes, hors des faubourgs même. Il faudrait donc transférer notre Hôpital militaire au bord de la Garonne, entre les deux Hôpitaux civils. Cet espace serait assez grand le long de la Garonne pour y construire cet Hôpital, car les deux Hôpitaux civils occupent un espace moins long sur les bords du fleuve. Le mur que nous voyons le long de la Garonne serait un des murs de l'Hôpital militaire nouveau; on pourrait même étendre l'Hôpital au-delà de ce mur, dans la Garonne; il faudrait rétrécir le lit de la rivière pour bâtir une muraille courbe qui aboutirait à l'angle des deux Hôpitaux civils; il faudrait construire une muraille extérieure dans l'eau, comme on y en a construit une pour les deux Hôpitaux civils, c'est-à-dire que l'Hôpital militaire serait plus avancé dans la Garonne que les deux Hôpitaux existants. L'Hôpital militaire s'étendrait jusqu'aux deux Hôpitaux civils; il ne faudrait peut-être même pas faire une rue entre les deux Hôpitaux civils et cet Hôpital nouveau; mais j'avoue qu'il faudrait démolir beaucoup de maisons dans le faubourg Saint-Cyprien.

On bâtirait la muraille dans la Garonne dans un temps de grande sécheresse; il faudrait la construire dans un seul été, ou bien on placerait pendant un seul été dans la Garonne toute la digue nécessaire pour retirer l'eau, afin de bâtir ensuite cette muraille. Nous avons vu des sécheresses pendant lesquelles on aurait pu construire un mur bien avant dans le lit du fleuve. On doit faire un quai dans toute la longueur de l'île de Tounis, ce quai coûtera immensément; on doit faire aussi à Blagnac sur la Garonne un pont, qu'on pourrait bien s'empêcher d'établir; puisque on porte la prodigalité jusques là, on peut bien construire un petit Hôpital militaire sur les bords de la Garonne, entre les deux Hôpitaux civils; il faudra seulement démolir les maisons qui sont entre la Garonne et la rue des Navars; ces maisons sont d'une petite valeur; on peut bien démolir les maisons situées à l'ouest de la rue des Tripiers, puisqu'on est décidé à démolir la moitié des maisons de l'île de Tounis. On peut faire là un petit Hôpital militaire, sans même avancer la muraille du quai dans le lit du fleuve; il suffit que cet Hôpital militaire soit assez grand pour la caserne que je conseille de bâtir au-delà du faubourg Saint-Cyprien; on fera un autre Hôpital militaire dans la ville, ou au nord de la ville. Je conseille de construire un petit Hôpital militaire dans cet emplacement, afin que de la ville on ne voie plus les vilaines maisons de la rue des Tripiers, et pour que le faubourg Saint-Cyprien offre une ligne d'édifices publics; on fera bien de faire cette dépense, puisque Toulouse sera dans la suite ornée de beaux quais dans toute sa longueur. Néanmoins il faut conserver le port demi-circulaire de Saint-Cyprien; il faudra faire aussi une petite place carrée entre cet Hôpital militaire et l'Hôpital de la Grave. Il faut que cet Hôpital militaire forme un seul bâtiment long avec l'espace occupé par le rempart le long de la Garonne ; on formera une cour dans toute la longueur de ce bâtiment; cette cour occupera l'emplacement des maisons qui sont au nord de la rue des Navars. Si on pouvait se dispenser de faire une cour à côté d'un Hôpital militaire, on pourrait faire là un Hôpital sans acheter aucun terrain, ni aucune maison ; on n'aurait qu'à le bâtir dans l'espace occupé par le rempart. Pour tenir lieu d'une cour, on n'a qu'à faire une terrasse sur cet Hôpital, ou bien on n'a qu'à faire une grande galerie à son deuxième ou troisième étage, en prenant pour modèle les galeries que nous voyons aux maisons neuves du Jardin Royal ; par là on n'aura pas besoin d'acheter des maisons. Ainsi, je prétends qu'il faut y faire une terrasse et même aussi une galerie ; par conséquent, il ne faut pas y faire une grande cour, c'est-à-dire il ne faut acheter aucune maison ; l'emplacement de la montagne de terre que j'ai nommée un rempart suffira pour bâtir ce petit Hôpital militaire.

(La rue que j'appelle rue des Navars, est ainsi nommée par les voisins : c'est la rue longue et droite qui part de la rue Cugette et qui aboutit à la porte d'entrée de l'hôpital de la Grave.) Après avoir bien examiné les lieux, je prétends qu'il faut démolir le moulon compris entre la rue des Tripiers, l'hôpital de la Grave, la rue des Navars et la rue Navarre, (Cette dernière rue est nommée par les voisins *coin du Crucifix*); il faut démolir aussi deux ou trois maisons de la rue des Tripiers, à côté du coin du Crucifix, c'est-à-dire qu'il faudra faire une rue droite et large depuis la porte d'entrée de l'Hôpital de la Grave jusques à la porte du port circulaire, qui est près de la rue des Tripiers. Il faudra démolir toutes les maisons situées entre cette nouvelle rue et la Garonne. On fera l'Hôpital militaire dans tout l'espace compris entre la Garonne et cette rue neuve ; il faut comprendre dans l'Hôpital militaire l'ancien abattoir, c'est-à-dire les deux tiers du port circulaire Saint-Cyprien. L'espace désigné entre la Garonne et cette rue neuve est assez grand pour faire une cour dans toute la longueur de l'Hôpital militaire. On fera l'Hôpital le long de la Garonne ; on fera la cour sur l'emplacement des maisons des deux moulons, c'est-à-dire le long de la nouvelle rue. On fera une petite place triangulaire entre la longue rue des Navars et le coin du Crucifix. Cet Hôpital militaire ne sera pas petit ; il sera peut-être assez vaste pour toute l'artillerie de la garnison. Toutes les maisons à démolir sont d'une très petite valeur.

Cet établissement serait très bien situé dans cet emplacement ; on ne peut le transférer dans un meilleur endroit. Nous ne verrions plus les masures qui sont entre les deux Hôpitaux civils ; le faubourg Saint-Cyprien offrirait un aspect monumental dans toute sa longueur sur les bords de la Garonne ; cet établissement militaire embellirait donc ce quartier de Toulouse. Il faudrait donner la forme d'un carré long à cet Hôpital nouveau ; il faudrait donc le composer de quatre ailes, deux courtes et deux longues ; les deux ailes longues s'étendraient le long du fleuve et le long de la rue des Navars ; une cour de la forme d'un carré long formerait le milieu de l'Hôpital militaire ; sinon, il faudrait composer cet Hôpital de trois ailes seulement ; on ne bâtirait pas une aile le long de la rue des Navars.

Dans ce cas, la cour s'étendrait dans sa largeur, depuis l'aile de la Garonne jusques à cette rue. Je conviens que cet établissement militaire coûterait extrêmement ; cet emplacement est peut-être malheureusement trop séduisant.

Il faudrait que ce bâtiment fût composé de deux étages dans toutes ses ailes ; si on faisait cet édifice comme je viens de dire, il contiendrait peut-être plus de malades que l'Hôpital militaire actuel. Mais j'avoue que cet emplacement aurait un grand inconvénient : c'est que nous aurions trois grands foyers d'infection à côté l'un de l'autre : l'Hôpital militaire et les deux Hôpitaux civils. Cependant tout peut-être concilié dans ce faubourg : on n'aurait qu'à construire un petit Hôpital militaire entre les deux Hôpitaux civils ; on laisserait un grand espace entre les Hôpitaux civils et l'Hôpital militaire ; il ne faudrait même jamais laisser bâtir des maisons entre les trois Hôpitaux, c'est-à-dire que ces deux espaces seraient deux places publiques. Moyennant ces deux grands espaces, les trois Hôpitaux ne seraient pas dangereux, ce me semble, pour la santé publique. Ce petit Hôpital militaire serait composé seulement d'une aile qui serait bâtie le long de la Garonne ; on ferait une cour ou jardin dans toute la longueur de cette aile unique ; cette cour ou jardin s'étendrait en largeur depuis cette aile unique jusques à la rue des Navars.

Il faudrait démolir toutes les maisons qui sont entre la Garonne et la rue des Navars.

On ferait bien de construire là un petit Hôpital militaire, puisque je conseille de faire une grande caserne au-delà du faubourg Saint-Cyprien. Ce petit Hôpital militaire serait seulement pour cette nouvelle caserne de Saint-Cyprien; mais nous pouvons avoir un nouvel Hôpital militaire à bien meilleur marché, car j'avoue que cet établissement coûterait des sommes considérables entre les deux Hôpitaux civils, quand même il serait petit. On n'a qu'à construire un petit Hôpital militaire au bord de la Garonne, au-dessous du moulin de Bourrassol, si on veut qu'il soit seulement pour cette nouvelle caserne de Saint-Cyprien ; on pourrait même faire cet Hôpital assez grand pour toute la garnison

de Toulouse, mais il serait peut-être trop loin de la ville ;
si on trouve qu'il aurait cet inconvénient, il faudra le faire
petit, (il faudra qu'il soit seulement assez grand pour la
caserne de Saint-Cyprien.) Si on fait un petit Hôpital militaire à Saint-Cyprien, soit au-dessous du moulin de Bourrassol, soit entre les deux Hôpitaux civils, il faudra faire
aussi un autre Hôpital militaire dans la ville, ou dans les
faubourgs contigus à la ville. Ainsi, il faut que l'Ecole vétérinaire soit désormais ce deuxième Hôpital Militaire ;
ce bâtiment est bien situé pour un Hôpital ; il pourra peut-
être contenir autant de malades que l'Hôpital militaire
actuel ; on peut agrandir ce bâtiment : 1° on peut exhausser
ses ailes, 2° on peut faire des constructions à l'Est et à
l'Ouest. En y faisant ces agrandissements, on n'aura peut-
être pas besoin de construire un petit Hôpital militaire à
Saint-Cyprien. Si nous ne convertissons pas l'Ecole vétérinaire en Hôpital Militaire, il faudra construire un grand
Hôpital militaire sur le boulevard Napoléon, entre la maison
Béteille et la maison de M. Dévési, géomètre, ou bien
entre la maison Béteille et la route d'Albi ; il faudra faire
un chemin large tout autour de cet Hôpital. On peut
encore le faire dans les deux moulons occupés en partie
par la Caserne provisoire : sinon, on peut le faire dans
l'Arsenal, (puisque je conseille de déplacer le Parc d'artillerie) ; on pourra bien choisir un emplacement dans
toute l'étendue de l'Arsenal ; il faudra le construire, par exemple, entre la rue de Laseroses et le boulevard Bonaparte ;
on fera une rue large et droite entre l'Hôpital et la partie
restante du Parc d'artillerie. On peut encore le construire
sur la route d'Alby, entre le canal et la ville ; mais ce terrain
coûterait trop ; au lieu de le construire sur cette route,
il vaudrait mieux le bâtir entre le chemin de Pouzonville
et le Canal. Si on le construit dans un de ces emplacements, on pourra le faire assez vaste pour contenir les malades de toute la garnison de Toulouse. Si on fait un petit

Hôpital au-delà du faubourg Saint-Cyprien, on peut encore
le faire entre la Caserne nouvelle et la Garonne, ou bien
sur la route de Bayonne à côté de la nouvelle Caserne,
ou bien encore sur cette route, entre le nouvel Arsenal
et la Patte-D'oie, en y faisant une façade monumentale.
Qu'on bâtisse un grand Hôpital, ou deux petits Hôpitaux
Militaires, qu'on songe que Toulouse s'agrandira, et que
conséquemment sa garnison augmentera.

J'ai dit qu'il faudrait transformer l'Ecole vétérinaire en
Hôpital militaire ; nous ferions bien de lui donner nous-
mêmes cette destination, car nos descendants en feront
probablement un Hôpital militaire, ou une Caserne. Si
on lui donne tôt ou tard cette nouvelle destination, il faudra
transférer l'Ecole vétérinaire dans la maison Puymaurin, rue
des Trente-six-Ponts : il faudra ajouter des constructions
simples à cette maison, de manière que la nouvelle Ecole
contienne autant d'élèves que l'Ecole actuelle. Il ne sera
pas nécessaire d'y loger les professeurs ; le vaste enclos
contigu à la maison Puymaurin sera bien favorable à l'Ecole
vétérinaire. Il faudra, par conséquent, déplacer l'Ecole des
Sourds et Muets, (je dis dans un futur chapitre où il faudra
la transférer). Une Ecole vétérinaire devrait être située sur
une rivière ; si donc on ne la transfère pas dans la maison Puymaurin, il faudra tôt ou tard la construire au bord
de la Garonne. On pourrait la bâtir entre le Canal de
Brienne et le Canal de fuite du moulin du Bazacle. On
pourrait transférer aussi l'Hôpital militaire dans le même
emplacement à côté de la nouvelle Ecole vétérinaire ; alors
enfin, l'Hôpital militaire aurait une prise d'eau. Il me semble que ces deux grands établissements insalubres seraient
bien situés pour plusieurs raisons dans ce terrain, surtout s'ils étaient construits sur le Canal de fuite du Moulin du Bazacle. Quand même le chemin des Amidonniers
serait intercepté, ce serait égal ; il ne faut pas donc
que cette considération arrête.

Après avoir écrit tout ce qui est ci-dessus, j'ai lu dans les journaux qu'on vient précisément de décider d'établir l'Ecole des Arts et Métiers entre le Canal de Brienne et le Canal de fuite du Bazacle ; cette nouvelle m'a rempli de joie et de consolation, parce que si on établit cette École à Toulouse, malgré tout ce que je dis dans mon chapitre des *fautes à éviter*, on sera, bientôt même, dans l'obligation de la fermer ; alors on ne manquera pas de transporter dans ce nouveau bâtiment l'Ecole vétérinaire, qui deviendra de suite une Caserne ou un Hôpital militaire; en sorte qu'alors enfin on exécutera mes idées sur l'Ecole vétérinaire et peut-être aussi sur l'Hôpital militaire, si on déplace, comme je l'espère, l'Hôpital militaire et le Parc d'artillerie ; on sera bien à son aise pour former tous les divers établissements publics accordés et désirés; on fera bien de les placer tous ou presque tous dans ces deux immenses emplacements ; on pourrait même établir plusieurs administrations dans un édifice public sur l'emplacement de l'Hôpital militaire. On ferait bien d'acheter et de démolir toutes les maisons de la rue de l'Hôpital jusqu'à la rue des Blanchers ; il faudrait même acheter les trois premières maisons de cette rue portant les Nos 2, 4, 6 ; il faudrait acheter aussi les trois maisons Nos 42, 44, 46, contiguës au cul-de-sac de la rue des Blanchers. Alors l'Hôpital militaire ayant deux issues sur la rue des Blanchers et une issue sur la place Saint-Pierre, on pourrait former plusieurs établissements publics dans son étendue, puisque son étendue serait agrandie; on substituerait des bâtiments élégants à de vilaines maisons. Par là on élargirait la rue de l'Hospice militaire, qui est insalubre.

Si on ne forme pas des établissements publics dans l'Hospice militaire actuel, il faudra vendre tout cet hospice en parcelles ; on fera bien de percer une rue droite et large à travers cet hospice, depuis la place Saint-Pierre jusques vers le milieu de la rue de l'Hospice militaire ; il faut tracer cette rue nouvelle de manière qu'elle soit le prolongement direct de la rue neuve des Jacobins, en cas que dans la suite on laisse passer le public dans le terrain qui est aujourd'hui la cour des Jacobins. Toulouse aurait une belle rue, si on faisait une rue droite depuis la place Saint-Pierre jusques à la rue du Collége Royal, passant entre le Collége Royal et l'église des Jacobins.

Quoi qu'il en soit, il faut déplacer l'Hôpital militaire actuel. En résumé, il faut que l'Ecole vétérinaire soit désormais l'Hôpital militaire, en y faisant des agrandissements et des exhaussements. Si on veut deux petits Hôpitaux militaires, qu'on en construise un entre les deux Hôpitaux civils, au bord de la Garonne, ne serait-ce que pour embellir le faubourg Saint-Cyprien; il faut que le deuxième Hôpital militaire soit l'Ecole vétérinaire, telle qu'elle est aujourd'hui, ou bien qu'on le construise dans l'Arsenal actuel.

CHAPITRE II.

Caserne nouvelle. — Arsenal nouveau. — Rue Monumentale.

On a résolu de faire la Caserne monumentale le long du faubourg Arnaud-Bernard; l'endroit serait bien choisi, si l'Arsenal devait rester toujours où il est, et si le Polygone était situé au-delà du Pont des Minimes, sur la route de Paris. Mais je prétends qu'il faut déplacer l'Arsenal; conséquemment il faudra construire la Caserne monumentale, ou Caserne définitive près de l'Arsenal nouveau.

Il faut transférer l'Arsenal au-delà du faubourg Saint-Cyprien, sur la grande route de Bayonne, un peu au-delà de l'auberge de la *Femme-sans-tête*; il faut le construire sur le côté méridional de cette belle avenue nommée *Allée de la Patte-d'Oie*. On pourra faire là un parc

d'artillerie aussi vaste qu'on voudra ; car on pourra bien
s'étendre d'un côté jusques à la Patte-d'Oie le long de la
grande route, et d'un autre côté jusqu'à l'ancien chemin
de Cugnaux. Il faut donner à cet Arsenal nouveau la forme d'un parallélogramme ; il fa ut l'étendre jusquesà l'ancien chemin de Cugnaux ; il faut qu'il soit aussi large le
long de ce chemin que le long de la grande route ; il
faut que sa longueur soit depuis la grande route jusques
à ce chemin ; il y aura bien peu de démolitions à faire ;
il faudra démolir seulement du côté de la route un pi-
geonnier et une grande maison basse éloignée de la route ;
les maisons qu'il faudra démolir le long de l'ancien chemin
de Cugnaux sont d'une très-petite valeur ; le terrain n'est
pas bien cher non plus au-delà du faubourg Saint-Cyprien ;
en sorte que ce nouvel Arsenal coûtera peu de chose ; il
faudra commencer à le construire immédiatement après
la dernière maison de la route de Bayonne vis-à-vis le
coin des Forgerons. Je prétends qu'il faut transférer l'Arsenal dans cet endroit.

Il faut construire la Caserne monumentale en face
de l'Arsenal nouveau, c'est-à-dire, sur le côté septentrional de la grande route de Bayonne ; il faudra commencer
à la bâtir à côté de cette petite rue située un peu au-
delà de l'auberge de la Femme-sans-tête, sur le côté septentrional, et qui est nommée par les voisins *coin des
Forgerons*, c'est-à-dire, il faudra que la Caserne commence
à la maison n° 8, habitée par un forgeron ; la Caserne
aboutira bien près de la Patte-d'Oie , puisque sa façade
doit être bien plus longue que celle du Capitole ; on pourra
faire sa façade aussi longue , ou aussi courte qu'on voudra,
car on pourra faire cette Caserne aussi profonde qu'on
voudra ; d'abord, il faut que cette Caserne s'étende jusques au premier chemin nommé ancien chemin de Tournefeuille ; si on fait la Caserne bien longue le long de la
grande route , il faudra l'étendre seulement jusques à ce

premier chemin ; mais si on veut économiser, parce que le
terrain et les maisons coûtent sans doute plus le long d'une
route que le long des chemins, et si on veut que des
particuliers puissent bâtir des maisons le long de la grande
route en deçà de la Patte-d'Oie, il faudra faire la Caserne
moins longue le long de la grande route et il faudra l'é-
tendre jusques au deuxième chemin, nommé ancien chemin de Saint-Martin, nommé aussi par les voisins *Chemin
des Fontaines* (une partie de ce chemin est nommée, je crois,
rue du Ravelin) ; il faudra comprendre dans cette Caserne
tout le jardin de M. Joseph Boisgiraud, no 11. Voilà donc
deux emplacements que j'indique pour construire cette
grande Caserne d'artillerie qui manque à Toulouse. Si
on adopte le premier emplacement, il faudra faire la Caserne bien longue le long de l'allée de la Patte-d'Oie,
c'est-à-dire, il faudra la faire aussi longue qu'on doit la
faire le long du faubourg Arnaud-Bernard ; dans ce cas,
je ne crois pas qu'il faille l'étendre au-delà du premier
chemin, (quand même on l'étendrait un peu au-delà de
ce premier chemin, quand même on l'étendrait jusques
au deuxième chemin, ce serait bien égal.) Si on adopte
le deuxième emplacement, il faudra, ce me semble, que
la Caserne soit deux fois moins longue le long de la
grande route ; dans ce dernier cas, on pourra même la
faire plus large le long de l'ancien chemin de Saint-
Martin que le long de la grande route, si on vise à l'économie. Quel que soit celui des deux emplacements qu'on
adoptera, il faudra faire à cette Caserne des issues de tous
les côtés ; il faut en faire au moins deux, le long de l'ancien chemin, c'est-à-dire, sur le derrière de la Caserne ;
si on adopte le deuxième emplacement, il faudra de plus
faire deux issues vis-à-vis le premier chemin, l'une à
l'Est et l'autre à l'Ouest de la Caserne. Les soldats sui-
vront le premier ou le deuxième chemin et la place du
Ravelin pour aller faire boire les chevaux dans la Garonne,

au bout de l'Allée de Garonne. Si on adopte le deuxième emplacement, on coupera le premier chemin (l'ancien chemin de Tournefeuille) ; voilà tout l'inconvénient que je trouve à l'adoption du deuxième emplacement; or, il ne faut pas que cette considération fasse hésiter un seul instant à préférer le deuxième emplacement, parce que ce chemin est bien peu fréquenté ; quand même ce chemin serait bien passager, on aura toujours la grande route et le deuxième chemin (l'ancien chemin de Saint-Martin), Il faudra faire une rue dans toute la longueur de la Caserne, sur le côté occidental, pour établir une communication entre la route et les deux chemins.

Il faudra faire une façade monumentale à l'Arsenal et à la Caserne ; ces deux façades monumentales seront sur les deux côtés de la grande route, l'une vis-à-vis l'autre; ces deux façades orneront cette entrée de Toulouse, qui est déjà bien belle, en sorte que Toulouse sera renommée par sa belle avenue de Saint-Cyprien. Il vaut bien mieux construire un bel édifice au-delà du faubourg Saint-Cyprien que dans le faubourg Arnaud-Bernard ; un édifice monumental entre le faubourg Arnaud-Bernard et le quartier voisin de la ville ferait paraître ce faubourg et ce quartier encore plus vilains ; la disproportion qu'il y aurait entre ce bâtiment et ces deux vilains quartiers serait choquante. D'ailleurs on aura moins de maisons à démolir au-delà du faubourg Saint-Cyprien ; ces maisons et les terrains voisins coûteront moins sans doute aussi. Les municipalités ont beau faire, toutes les villes auront toujours quelques quartiers vilains ; il ne faut pas espérer pouvoir embellir ces vilains quartiers ; il faut, pour ainsi dire, les abandonner à leur malheureux sort; il faut suivre envers ces quartiers cette idée d'Horace :

.... Et quæ
Desperat tractata nitescere posse, relinquit.

Nous voyons en effet que la municipalité de Paris ne

songe pas à embellir les faubourgs Saint-Marceau, Saint-
Antoine et du Temple. On dit encore qu'on veut établir
cette Caserne définitive dans le faubourg Arnaud-Bernard
pour favoriser ce faubourg et le quartier voisin de la ville ;
une Caserne favorise très-peu un quartier ; si on croit
favoriser un quartier en lui donnant une Caserne, on
se trompe bien : en effet, si une Caserne favorise un
quartier, elle n'y favorise que trois ou quatre cabarets et
trois ou quatre mauvais cafés ; nous voyons que la Caserne Saint-Charles et la Caserne Saint-Pierre n'ont pas
enrichi leurs quartiers ; chacune de ces deux Casernes ne
favorise que trois ou quatre cabarets et trois ou quatre
mauvais cafés ; les soldats favorisent plus les cabarets de
la banlieue que ceux de la ville. Avant de former des établissements quelconques, les municipalités devraient consulter ouvertement ou secrètement les habitants des cités;
elles agiraient ainsi, elles prendraient cette précaution, si
elles raisonnaient, ou si elles prenaient à cœur les intérêts des habitants. En effet, qu'on demande aux habitants
des quartiers Saint-Pierre et Saint-Charles s'ils sont bien
aises d'avoir une Caserne; ils répondront, je crois, qu'une
Caserne a de graves inconvénients ; les maîtres des maisons
diront qu'ils ne trouvent pas à louer avantageusement leurs
appartements et leurs chambres ; les pères et les maris
diront qu'ils n'ont pas l'esprit tranquille. Si donc on exa-
mine tout, on reconnaît qu'une Caserne, loin de favoriser
un quartier, lui est nuisible. Il faut donc construire une
Caserne sur l'allée de la Patte-d'Oie ; elle n'aura pas l'inconvénient d'être dans un faubourg; car Toulouse ne tend
pas à s'agrandir au-delà du faubourg Saint-Cyprien. M.
Arzac a dit dans un journal : Je veux veiller à une juste
répartition des établissements qui peuvent favoriser les
divers quartiers de la ville; d'abord, je crois avoir démontré que, en dotant le faubourg Arnaud-Bernard d'une
Caserne, on lui ferait un présent inutile, funeste même ;

de plus, les conseillers municipaux qui voudraient que tous les divers quartiers de leurs villes fussent favorisés, sont optimistes; or, les optimistes sont des rêveurs.

L'Arsenal actuel est trop vaste; voilà donc une grande étendue de terrein, dans l'enceinte de la ville, perdue pour les maisons. En faisant un Arsenal nouveau, on lui donnera seulement l'étendue nécessaire. Il faut donc vendre tous les bâtiments et terreins de l'Arsenal actuel; il faudra percer quatre rues dans toute son étendue; il faudra vendre les terrains en parcelles; on en tirera un bon parti : les acheteurs y feront bâtir des maisons; en sorte que l'Arsenal actuel donnera longtemps du travail et du pain aux ouvriers, aux femmes et aux enfants; on démolira la muraille monotone de la rue des Puits-Creusés; Toulouse sera délivrée enfin de tous ses hideux remparts et de ses vieilles tours ; car nous verrons s'élever de suite des maisons élégantes entre le boulevard projeté et ce vilain Parc d'artillerie, (cet Arsenal est en effet aussi vilain que grand). La partie de la ville occupée par l'Arsenal forme aujourd'hui un vilain quartier, ce sera dans la suite un des plus beaux quartiers de Toulouse ; les citoyens ont maintenant la manie de bâtir, il vaut mieux qu'on bâtisse des maisons dans l'enceinte de la ville que dans les jardins potagers et au-delà du rayon de l'octroi. Si on bâtit un Arsenal nouveau, cette grande construction occupera aussi pendant quelque temps les gens pauvres de Toulouse. Si donc l'autorité tient à ce que notre ville s'embellisse, et si elle s'intéresse à la classe ouvrière, elle fera un nouveau Parc d'artillerie, et vendra l'Arsenal actuel. D'ailleurs, avec l'argent de la vente de celui-ci, on fera l'autre.

Je prétends qu'il faut transférer le Parc d'artillerie au-delà du faubourg Saint-Cyprien, et qu'il faut aussi construire la Caserne monumentale au-delà de ce faubourg, pour mettre la Garonne entre Toulouse et les deux grands dépôts d'armes et de munitions ; non seulement la Garonne protégera l'Arsenal et le Polygone contre les habitants de la ville, mais encore une grande Caserne d'artillerie défendra ces deux vastes établissements pleins d'armes et de munitions. Il aurait dû y avoir toujours une Caserne entre le Polygone et la ville ; il faut maintenant que tous les soldats d'artillerie fassent un long trajet pour aller au Polygone. Qu'on songe que l'Arsenal nouveau et la Caserne nouvelle auront deux façades monumentales sur cette grande avenue de la Patte-d'Oie ; ces deux façades produiront un effet magnifique, quand même celle de l'Arsenal serait deux fois moins longue que celle de la Caserne ; ce grand embellissement doit être pris en considération. En vendant le Parc d'artillerie actuel, on rendra un espace immense à la ville ; nous aurons enfin un beau quartier de ce côté de Toulouse.

Voici ce qu'il faut faire pour obtenir ce beau quartier : j'ai dit plus haut qu'il faut diviser l'étendue du parc d'Artillerie par quatre rues ; 1° il faut tracer une rue depuis la porte du parc d'Artillerie, c'est-à-dire, depuis la rue du Parc jusques à la place Saint-Julien, vis-à-vis la rue d'Embarte ; il faut aligner aussi la petite rue nommée rue du Parc, de manière que cette rue nouvelle forme une ligne droite depuis l'angle occidental de la place Saint-Pierre jusques à la place Saint-Julien, (je crois qu'il y a maintenant une allée droite depuis cette dernière place jusques à la porte du Parc). 2° Il faudra faire la deuxième rue depuis le bout de la place des Capucins jusques au boulevard projeté ; il faut que cette rue longe le côté septentrional de l'ancienne église des Capucins ; il faudra pratiquer cette rue entre cette église et l'allée tracée sur le plan de 1825, allée qui part de la place des Capucins et qui aboutit au rempart. 3° Il faut que la troisième rue commence à la rue Valade vis-à-vis la rue de Labastide, ou vis-à-vis le milieu de la Caserne Saint-Pierre, à la maison n° 31 ; cette trois-

2

sième rue aboutira au boulevard projeté, à une égale
distance du canal de Brienne et de l'extrémité occidentale de la deuxième rue; il faut que la deuxième et la
troisième rues soient parallèles ou presque parallèles. 4º
Il faut percer une rue courte depuis le corps de garde
de la rue de Lascroses jusques au boulevard projeté ,
elle aboutira au boulevard à une égale distance de l'extrémité occidentale de la deuxième rue, et de l'extrémité
septentrionale de la rue de Lascroses. Ces quatre rues
doivent être larges et droites. (En même temps, il faudrait
aligner la rue de Lascroses et la rue des Puits-Creusés;
pour cela, on n'aura qu'à rendre la place Saint-Julien deux
ou trois fois plus grande du côté de l'Arsenal; il faudra
que la rue des Puits-Creusés forme une ligne droite depuis
la place des Capucins jusques à l'extrémité méridionale de
la place agrandie de Saint-Julien; mais il vaut mieux ne pas
aligner cette rue , parce qu'il faudrait démolir plusieurs
maisons de la place Saint-Julien.) Ces quatre rues nouvelles partageront le parc d'Artillerie en plusieurs portions
inégales; il faut former deux places publiques circulaires
ou carrées dans l'étendue de l'Arsenal : une a la jonction
de la première rue avec la deuxième rue, (cette place
doit même être assez vaste); et une autre à la jonction de
la première rue avec la troisième rue.

Il ne faudra construire l'Arsenal nouveau que quand on
aura bâti la nouvelle Caserne. On ne pourra évidemment vendre le parc d'Artillerie actuel qu'après avoir fait le nouveau;
il faudra donc que la ville avance l'argent pour construire le
nouvel Arsenal. Je dis dans d'autres chapitres qu'il faudra peut-
être former plusieurs établissements publics dans l'Arsenal
actuel; alors il ne faudra en vendre qu'une partie; les établissements publics occuperont tout le reste. Pour cela,
voyez les autres chapitres.

Je crois avoir donné assez de raisons pour décider le
gouvernement et la municipalité à transférer le parc d'Ar-

tillerie et à bâtir la nouvelle Caserne au-delà du faubourg Saint-Cyprien. Si néanmoins on persiste à construire la nouvelle Caserne dans le faubourg Arnaud-Bernard, quoiqu'il ne convienne pas qu'une Caserne soit près d'une promenade publique (le boulevard Napoléon), et si on persiste aussi à conserver l'Arsenal actuel, quoiqu'il ait le grand inconvénient d'être à côté de toute la population de la ville, il faudra dans ce cas transférer le Polygone au-delà du canal, sur la route de Paris. Il faut que l'Arsenal, le Polygone et la nouvelle Caserne soient situés du même côté de notre ville. Ainsi, en résumé, on fera bien de les réunir au Nord de Toulouse, mais on fera mieux de les réunir à l'Ouest de Toulouse, parce que la Garonne sera une barrière entre la population toulousaine et les deux grands dépôts d'armes et de munitions, (sans compter que ces deux grands établissements d'Artillerie seront défendus aussi par une Caserne.) J'espère donc que désormais tout sera situé au-delà du faubourg Saint-Cyprien.

Si, malgré tout ce que je viens de dire, on décide de ne pas déplacer le parc d'Artillerie, ni le Polygone, il ne faudra pas manquer de bâtir la Caserne monumentale sur la route de Bayonne, près la barrière Saint-Cyprien, ne serait-ce qu'à cause du Polygone, (car je ne dirai pas que les chevaux de cette Caserne seront bien près de la Garonne.) Il faudrait, pour plusieurs raisons, que toutes les Casernes de cavalerie fussent hors des villes, hors des faubourgs même; et on a décidé de construire cette Caserne d'Artillerie à cheval entre un faubourg et la ville! Espérons donc que cette décision sera révoquée.

Nota. Après avoir écrit tout ce qui est ci-dessus, j'ai lu dans le *Journal Politique de Toulouse* du 22 janvier 1839, que le conseil municipal a reçu dans sa séance du 21 janvier une lettre du commandant du génie, auteur du plan de la nouvelle Caserne d'artillerie, qui annonce que l'emplacement choisi par le conseil municipal rencontrera des difficultés pour être approuvé par le Ministre de la guerre, à cause de son prix élevé, évalué 300,000 fr. — J'ai donc raison de dire qu'il vaut mieux bâtir cette Caserne au-delà du faubourg Saint-Cyprien, ne serait-ce que parce que l'emplacement coûtera moins. N'y aurait-il pas folie en effet à dépenser la somme énorme de 300,000 fr. au seul emplacement? J'espère donc que nous verrons construire cette Caserne entre le faubourg Saint-Cyprien et la Patte-d'Oie.

Si on veut absolument que cette Caserne soit dans le quartier Arnaud-Bernard, qu'on la construise 1º le long du boulevard Napoléon, entre la maison Béteille et la maison de M. Devési, géomètre; on pourrait faire là une façade monumentale qui ornerait le boulevard; cette Caserne serait bien large, et on pourrait la faire bien profonde; cet emplacement est bien sain; on aura bien peu de maisons à acheter; il faudra couper le chemin de traverse de Pouzonville; il faudra faire un chemin large autour de la Caserne; on conservera le chemin droit qui part de la maison de M. Devési, géomètre. — 2º On peut la bâtir entre la grande rue du faubourg Matabiau et le chemin de Pouzonville, c'est-à-dire dans la vaste pépinière de Roquelaine et dans quelques jardins; on achèterait plusieurs maisons et plusieurs terrains; on pourrait faire deux longues façades monumentales, l'une sur le boulevard Napoléon et l'autre sur la grande route du faubourg Matabiau. — 3º On peut encore la construire où est aujourd'hui la Caserne provisoire; il faut qu'elle s'étende d'un côté sur le boulevard projeté depuis la rue de Lascroses jusques à la porte Arnaud-Bernard, et d'un autre côté tout le long de la rue de Lascroses jusques à la place Saint-Julien; il faudra percer une rue droite depuis la place Saint-Julien jusques à la porte Arnaud-Bernard, dans toute la longueur de la Caserne; la rue des Quêteurs sera interceptée. Cette Caserne aura la forme d'un triangle rectangle dont l'angle droit sera à l'emplacement de la tour de Lascroses. On pourra faire une façade monumentale sur le boulevard, qui ornerait cette entrée de la ville, et une autre façade monumentale le long de la vilaine rue de Lascroses ; par cet édifice, on embellirait enfin ce quartier qui est le plus triste de la ville. Cet emplacement serait assurément assez vaste, et il coûterait fort peu, car on démolirait bien peu de maisons, et ces maisons sont d'une très petite valeur. — 4° Mais on peut construire cette Caserne sans acheter un emplacement : on n'a qu'à la bâtir dans le parc d'Artillerie ; notre Arsenal est assez vaste pour contenir cette grande Caserne ; qu'on la bâtisse entre la place des Capucins et la rue des Puits-Creusés ; il faut qu'elle s'étende jusques à la place Saint-Julien, il faut aussi qu'elle soit contiguë à l'ancienne église des Capucins ; cette Caserne doit avoir la forme d'un carré long ; le matériel de la cour de l'Artillerie pourra bien contenir dans d'autres terrains de l'Arsenal ; on trouvera bien assez aussi un autre endroit pour faire les manœuvres. — 5° On peut encore la bâtir entre la rue de Lascroses et le boulevard projeté ; il faudra qu'elle forme un triangle rectangle dont l'angle droit sera à l'emplacement de la tour de Lascroses ; il faudra qu'elle s'étende d'un côté jusques à la place Saint-Julien ; on peut lui donner la forme d'un carré long, en la bâtissant le long de la rue de Lascroses et le long de la place Saint-Julien ; on peut encore lui donner la forme d'un carré long dans un autre endroit : on n'a qu'à la bâtir le long du boulevard projeté, en partant de la rue de Lascroses. Voilà donc plusieurs emplacements que je propose dans le parc d'Artillerie ; si on fait ce bâtiment dans un de ces endroits du parc, évidemment il ne faudra pas faire une rue entre la Caserne et l'Arsenal, si on conserve le parc d'Artillerie actuel.

En résumé, si on veut acheter un emplacement dans le quartier Arnaud-Bernard, il faut donner la préférence à celui qui est occupé en partie aujourd'hui par la Caserne provisoire ; cet endroit coûtera moins qu'aucun des deux emplacements le long du boulevard Napoléon.

J'ai proposé dans le chapitre premier de faire un grand Hôpital militaire nouveau, ou deux petits Hôpitaux militaires nouveaux ; le mieux serait de faire un grand Hôpital militaire nouveau dans un de ces emplacements ; ainsi , si on conserve l'Arsenal actuel , il faudra bâtir la Caserne et l'Hôpital militaire dans l'Arsenal le long de la rue des Puits-Creusés et le long de la rue de Lascroses ; ce parc d'Artillerie est assez vaste pour contenir ces deux bâtiments , sinon , qu'on en construise un dans l'Arsenal , et l'autre entre le boulevard et la rue de Lascroses , c'est-à-dire dans les deux moulons occupés en partie par la Caserne provisoire. Si on déplace l'Arsenal, il faudra faire une rue large et droite depuis la porte Arnaud-Bernard jusques à l'angle occidental de la place Saint-Pierre , passant presque au milieu de la place Saint-Julien , et presque au milieu de l'Arsenal ; ce sera la rue la plus longue de Toulouse ; il faudra la nommer *rue Napoléon* ; alors nous aurons une belle communication de la porte Arnaud-Bernard au faubourg Saint-Cyprien. Il faut déplacer le parc d'Artillerie, ne serait-ce que pour former cette magnifique rue. Si on ne veut pas transférer l'Arsenal au-delà du faubourg Saint-Cyprien, il faut le transporter sur la route de Paris, au-delà du couvent des Minimes ; il faut y transporter aussi le Polygone : ces deux grands établissements seront placés à côté l'un de l'autre, ou bien en face l'un de l'autre sur la route de Paris. Il faudra construire la Caserne définitive et l'Hôpital militaire dans l'Arsenal actuel, à côté l'un de l'autre, ou bien l'un sur la place des Capucins et sur la rue des Puits-Creusés, et l'autre le long du boulevard Bonaparte; ou bien ces deux bâtiments seront faits sur le boulevard Napoléon, sinon l'un sera construit sur ce boulevard et l'autre dans les deux moulons de la Caserne provisoire. Alors le Canal et cette nouvelle Caserne d'Artillerie, ainsi que la Caserne

Saint-Charles protégeront ces deux grands dépôts d'armes et de munitions contre la population Toulousaine ; en un mot, quoi qu'il en puisse être, il ne faut pas manquer de déplacer le parc d'Artillerie ; c'est pour plusieurs raisons qu'il faudra le transporter ailleurs. Si on construit des bâtiments quelconques dans l'Arsenal actuel, qu'on ne manque pas de tracer cette longue rue droite ; je prétends qu'il faut ouvrir cette longue et belle rue, quand même on ne construirait aucun édifice public dans les deux moulons occupés en partie par la Caserne provisoire.

Mais Toulouse s'agrandira à l'Est et au Nord ; l'Arsenal et le Polygone, placés sur la route de Paris, se trouveraient près des quartiers nouveaux et ne seraient défendus que par le faible obstacle du Canal ; nous ferions donc mal de les transférer de ce côté. Il est certain que Toulouse ne s'agrandira pas au-delà du faubourg Saint-Cyprien ; il faut donc y transférer l'Arsenal ; par là, nous n'aurons pas besoin de faire un Polygone nouveau. Quant à la Caserne, puisqu'il faut la bâtir quelque part, il vaut mieux la bâtir au-delà du faubourg Saint-Cyprien que vers le faubourg Arnaud-Bernard ; elle nous coûtera moins cher. Pour dire tout en peu de mots, nous arrangerons bien Toulouse en déplaçant l'Arsenal, surtout si nous le transférons au-delà du faubourg Saint-Cyprien ; je prétends que le déplacement de l'Arsenal est une des plus grandes améliorations qu'on puisse faire à notre ville.

Si tout est réuni au-delà du faubourg Saint-Cyprien, le Polygone, l'Arsenal, et la nouvelle Caserne, on pourrait se dispenser de faire le pont projeté vis-à-vis le quartier Saint-Pierre ; si on ne construisait pas ce pont, la ville épargnerait la moitié des 150,000 fr. votés pour les deux ponts nouveaux ; alors ce pont devenant inutile, c'est une raison de plus pour réunir tout au-dela du faubourg Saint-Cyprien. Néanmoins, on fera bien de construire un pont vis-à-vis le faubourg Saint-Michel.

J'ai dit plus haut qu'il faut percer une rue large et droite depuis la porte Arnaud-Bernard jusques à l'angle occidental de la place Saint-Pierre ; il faut agrandir la place extérieure Arnaud-Bernard ; il faut que cette rue nouvelle parte du boulevard Bonaparte, un peu au-dessous de la porte Arnaud-Bernard, c'est-à-dire il faut qu'elle parte de l'extrémité de la place agrandie Arnaud-Bernard ; alors, cette rue passera presque au milieu de la place Saint-Julien et presque au milieu de l'Arsenal. On pourra faire cette rue bien large, puisque les acquisitions à faire sont d'une très petite valeur ; il faudra donc la faire bien large ; qu'on y plante deux rangs d'arbres, c'est-à-dire que cette rue soit pareille à la rue Lafayette de Paris, ou, encore mieux, au cours d'Albret de Bordeaux. Cette rue, ayant deux rangs d'arbres, embellira les paroisses Saint-Pierre et Saint Sernin, qui ont bien besoin d'être embellies ; cette large rue, ornée d'arbres, servira de promenade aux habitants de ces deux paroisses. Le bétail suivra cette rue nouvelle pour aller du pont des Minimes aux Abattoirs ; cette rue aboutissant à la place Saint-Pierre et cette place n'étant pas loin du Pont-Neuf, on pourra se dispenser de construire le pont projeté vis-à-vis le quartier Saint-Pierre ; ainsi, je prétends qu'il ne faut pas manquer de percer cette longue rue ; on peut en faire une rue monumentale, pareille aux deux rues monumentales qui doivent partir du pont des Minimes ; cette rue nouvelle remplacera en quelque sorte ces deux rues monumentales ; il faut la faire aussi large qu'on pourra.

J'ai dit qu'il faudra la nommer *rue Napoléon*, on pourrait encore la nommer *Cours Napoléon* ; mais il vaut mieux lui donner le nom d'un illustre Toulousain mort ou vivant. Bonaparte n'a pas besoin qu'on donne ses noms à des rues, ni à des promenades publiques pour que la postérité parle de lui, tandis qu'il est du devoir d'une ville de récompenser de différentes manières ceux de ses citoyens qui lui sont

utiles, ou qui la rendent illustre par leurs talents. Il faudrait
donner les noms de tous les illustres Toulousains morts
et vivants à des rues, à des promenades, etc., avant de
leur donner d'autres noms. Quel que soit le nom qu'on
lui donnera, il faut que cette large communication soit
nommée *Cours*, non pas rue. De même, après y avoir
bien réfléchi, je prétends que si on déplace l'Hôpital militaire actuel, il ne faudra pas manquer de percer une rue
droite et large depuis l'angle oriental de la place Saint-
Pierre jusques à la rue des Jacobins, (en faisant aboutir
cette rue nouvelle à la rue de l'Hospice militaire); si on
forme des établissements publics quelconques sur l'emplacement de cet Hôpital, il faudra les construire sur les
deux côtés de cette nouvelle rue. Si on n'y forme pas
des édifices publics, on ferait bien d'exiger que toutes
les maisons qu'on bâtira sur cette rue fussent uniformes,
(il faudrait désormais que toutes les maisons fussent
uniformes sur toutes les rues nouvelles).

Il ne faut pas manquer d'exiger que toutes les maisons
soient uniformes sur les deux côtés du *Cours* que je conseille de tracer depuis l'extrémité occidentale de la place
extérieure Arnaud-Bernard jusques à l'angle occidental de
la place Saint-Pierre. Si quelques particuliers ne peuvent
faire qu'un premier étage, et si quelques autres ne peuvent faire qu'un rez-de-chaussée, qu'on les y autorise,
mais qu'on exige que leurs rez-de-chaussée et leur premier étage seront uniformes; en un mot, il faut que
cette nouvelle communication soit la rue la plus longue
et la plus belle de Toulouse. Pour dire tout en peu de
mots, on ferait bien de percer ces deux rues nouvelles,
aboutissant aux angles occidental et oriental de la place
Saint-Pierre, pour vivifier et embellir cette immense por-
tion de la cité. Si on perce une rue à travers l'Hospice
militaire, il ne faut pas manquer de donner, par reconnaissance à cette rue, le nom d'un illustre Toulousain

mort ou vivant. (Voyez mon futur chapitre des *Alignements et Fontaines publiques*, où je donne encore des explications sur la grande rue à percer depuis la porte Arnaud-Bernard jusques à la place Saint-Pierre, ainsi que sur les places qui seront situées sur cette magnifique rue.)

CHAPITRE III.

Nouvelle Poste aux lettres.—Administrations publiques.

Il faudrait transférer l'administration de la Poste aux lettres dans le bâtiment de la Salpétrière, place de la Visitation, si on n'avait pas besoin de cet édifice pour fabriquer le salpêtre, ni pour loger les employés ; l'administration des Postes serait bien située et bien logée dans cet endroit. Les courriers marcheraient bien peu dans la ville; on pourrait loger les malles-postes dans ce bâtiment, sous un hangar ; on pourrait mettre aussi les malles-postes à l'abri de la pluie, en les chargeant et en les déchargeant. Je conviens que cette nouvelle Poste aux lettres serait loin du quartier commerçant ; on placerait une boîte aux lettres dans ce quartier. Ainsi, si dans la suite on n'a pas besoin de ce bâtiment pour le salpêtre, et si on paye toujours le loyer pour l'administration de la Poste aux lettres, il faudra y transférer cette administration. Si on ne peut l'y placer maintenant, il faut construire ailleurs un édifice avec cour et hangar pour loger cette administration, car il ne faut plus payer un loyer dans la maison Cibiel; d'ailleurs, la Poste aux lettres est bien mal située, puisque les rues voisines sont étroites et bien passagères.

Il me semble qu'on fera bien de la transporter, 1° derrière l'église des Cordeliers, entre la rue du Collége de Foix et la rue des Lois ; il faut y construire un édifice aussi long que la largeur de l'église ; il faut l'étendre jusquès à ces deux rues ; ce bâtiment sera assez vaste pour contenir cette administration et loger son directeur ; les bâtiments qu'il faudra démolir sont d'une très petite valeur ; les fondements de plusieurs murs pourront être conservés ; il faut adosser cet édifice à l'église, en sorte qu'on n'aura pas à construire le mur extérieur méridional ; la façade sera sur la rue des Lois. On y construira un hangar, pour que les malles-postes soient à l'abri, pendant qu'on les chargera et qu'on les déchargera. Cet emplacement est excellent pour loger la Poste aux lettres: les principaux courriers marcheront bien peu dans la ville; celui de Marseille, par exemple, se rendra directement dans la rue Saint-Aubin. Si on trouve que cette Poste aux lettres sera trop loin du quartier commerçant, on n'aura qu'à placer une boîte aux lettres dans l'hôtel de la Bourse, ou dans une maison voisine ; on la lèvera chaque jour une heure avant le départ du courrier de Paris. Ce bâtiment nouveau ne sera pas assez vaste pour qu'une de ses parties puisse servir de remise aux malles-postes; il faudra que cette remise soit dans le voisinage ; par exemple, il faudrait acheter une partie d'un jardin du couvent voisin pour faire la remise; sinon, qu'on achète un peu de terrain sur la rue des Salenques, ou sur la rue de la Chaîne. Les rues qui conduiront à cette nouvelle Poste aux lettres sont larges et bien peu fréquentées ; les courriers de Paris et de Bordeaux passeront dans la rue de la Chaîne. Il faut que cet édifice s'étende jusques à la boutique de Massé, ferblantier, inclusivement. Cet endroit n'est pas bien loin de la Poste actuelle.

2° Sinon, on peut transférer cette administration entre la rue Delfum et la rue du Poids-de-l'Huile, vis-à-vis les Messageries de Salvayre ; on achètera tous ces bas et vilains bâtiments qui sont situées entre la grande maison, n° 5, rue Delfum, et la maison basse, n° 18, de la rue du Poids-de-l'Huile ; il faut acheter en profondeur jusques à deux maisons hautes qu'on voit derrière tous ces bâtiments bas; ce qu'il faut acheter là est d'une petite valeur ; les courriers entreront et sortiont par la rue Delfum. La Poste aux lettres sera très bien située dans cet endroit, parce que le quartier Lafayette sera toujours un quartier d'industrie ; la ville s'agrandira toujours vers ce quartier; cette administration serait donc entre le quartier Lafayette et le quartier de la Bourse, c'est-à-dire entre les deux quartiers commerçants. Cet emplacement n'est pas bien loin de la Poste actuelle. Il vaut encore mieux placer cette administration dans cet endroit que derrière l'église des Cordeliers.

3º On peut encore la transférer rue Rivals, dans le *jardin de la ville* , si la ville peut tôt ou tard disposer de ce terrain, et si on n'y fait pas les bâtiments que je conseille ailleurs d'y construire. Certainement la Poste aux lettres serait bien placée dans le jardin de la ville'; ce terrain est vaste; il pourrait contenir même la remise des malles-postes ; la rue Rivals est large et n'est pas du tout passagère ; plusieurs courriers suivraient les boulevards ; cette Poste aux lettres serait près de la place Royale.

4 ' Si on ne peut pas disposer du terrain nommé le *jardin de la ville* , on peut encore la transférer sur la rue Rivals, entre le jardin de la ville et la rue Caussette; on achètera les jardins situés entre la rue Caussette et le jardin de la ville; ces jardins ne sont pas d'une grande valeur; les courriers entreront et sortiront par la rue Rivals. Il faudra que cette Poste aux lettres soit longue le long de la rue Caussette.

5º On peut encore la placer dans cette maison élégante nº 5, située sur le nouveau marché au bois et sur la rue du Salé, près de l'hôtel Laget; on formera la Poste aux lettres avec tout ce qui forme cette jolie propriété; il faudra y faire peu de démolitions et peu de dispositions. On fera une porte sur la rue du Salé, et une autre porte sur le nouveau marché au bois; les malles-postes entreront toujours par une porte et sortiront par l'autre porte.

6° On pourrait encore transférer cette administration sur deux points de la rue de Périgord, mais je conviens qu'elle ne serait pas près des quartiers commerçants ; on n'aurait qu'à acheter le petit bâtiment n° 3 , et le long jardin contigu , situés entre la rue Périgord et la rue des Tisserands, et contigus à la cour de la nouvelle Manutention; alors la Poste aux lettres s'étendrait depuis la rue de Périgord jusques à la rue des Tisserands. Les acquisitions à faire là coûteraient bien peu.

7° Sinon , on peut la loger entre la rue de Périgord et la rue Montoyol, vis-à-vis la chapelle du grand Séminaire, en achetant les divers bâtiments et le vaste jardin contigu, portant le n° 4 sur la rue de Périgord. Cette Poste aux lettres serait assez vaste pour contenir la remise des malles-postes. On placerait deux boîtes aux lettres dans cette administration , une sur chaque rue ; on ferait aussi une issue sur chaque rue. Les courriers entreraient et sortiraient par la rue de Périgord.

Voilà donc plusieurs emplacements que je désigne pour loger désormais la Poste aux lettres. Je prétends que les deux meilleurs sont, 1° celui qui est entre la rue Delfum et la rue du Poids-de-l'Huile , et 2° celui qui est derrière l'église des Cordeliers.

Qu'on déplace ou qu'on ne déplace pas cette adminis-tration , il faut établir encore plusieurs boîtes aux lettres à Toulouse ; il faut les placer aux principales barrières dans les bureaux de l'octroi, pour la commodité des faubourgs et des maisons dispersées dans la commune de Toulouse ; il faut placer aussi quelques boîtes aux lettres sur divers points de la ville, par exemple , une sur la place des Carmes; une sur la place Lafayette. Quelque soit le nouveau local de la Poste aux lettres, il faudra couvrir en tout ou en partie sa cour, pour que les malles-postes soient à l'abri en les chargeant et en les déchargeant; ou bien , il faudra construire un hangar.

J'ai proposé sept endroits pour contenir l'administration
de la Poste aux lettres; on pourrait construire un édifice
public dans chacun de tous ces emplacements : ainsi, on
pourra placer tôt ou tard les différentes administrations
publiques dans ces endroits, car presque tous ces emplacements sont vastes et leurs constructions actuelles coûteront bien peu. Il est surprenant que nos aïeux nous
aient laissé quelque chose à faire ; je suis étonné qu'il y
ait encore des édifices publics à construire, ainsi que des
inventions et des découvertes à faire ; je suis étonné aussi
qu'il y ait encore des perfectionnements à faire aux lois
et aux administrations publiques; en un mot, je trouve
surprenant que tout ne soit pas fait depuis bien longtemps.
Le simple sens commun dit que toutes les différentes administrations devraient être placées dans des édifices publics;
les caisses des receveurs et payeurs devraient y être placées
aussi, (tandis que c'est un abus de loger des professeurs
dans des bâtiments communaux); les registres des différentes administrations publiques, appartenant à l'Etat ou
aux communes, ne devraient pas être confiés à des maisons
particulières ; par exemple, les divers bureaux de l'enregistrement et des domaines ne devraient-ils pas être réunis
dans un édifice public? N'est-ce pas une honte, surtout
dans une grande ville, que les bureaux de cette impor-
tante administration soient dispersés dans la cité ? On a
transféré le bureau des hypothèques dans plusieurs maisons
depuis quelques années, comme un citoyen, inconstant
dans son logement, transporte souvent son mobilier dans
différents quartiers; au point qu'on ne sait où aller pour
trouver le bureau des hypothèques ; il a fallu demander plusieurs fois où est ce bureau, comme il
faut demander de temps en temps où loge actuelle-
ment un particulier. Je pourrais dire aussi que le
payeur du département a déplacé plusieurs fois sa caisse
depuis quelque temps. Comment les bureaux des hypo-

thèques de tous les arrondissements de la France n'ont-
ils pas été toujours placés dans des édifices publics ?
Si le feu prenait aux maisons qui contiennent les bureaux
des hypothèques !!!...... Ces dépôts si précieux devraient
même être logés dans des édifices où le feu ne risquerait
pas du tout de prendre. Qu'on se hâte donc de placer
notre bureau des hypothèques dans un édifice public. Les
immenses bâtiments de notre préfecture (qui contiennent
les archives de la société d'agriculture), le Capitole, le
Palais de la Cour souveraine, le Palais du Tribunal civil
ne peuvent-ils pas loger le bureau des hypothèques dans
une petite salle, ou dans une partie de leurs vastes salles?
Je trouve qu'on fera bien de transférer cet important dépôt
dans la préfecture; on ferait bien même d'y loger tous les
divers bureaux de l'enregistrement et des domaines; on
pourrait les placer dans l'aile de la cour, à droite en entrant. Je dis dans mon chapitre 4e qu'il faut placer des
administrations publiques dans le local de la bibliothèque
du clergé; si ces divers bureaux ne sont pas logés dans
la préfecture, qu'on les réunisse dans la vaste salle de cette
bibliothèque; si on démolit cette vaste salle, qu'on place
ces bureaux et autres administrations publiques dans la
préfecture; si absolument on ne veut mettre rien de nouveau
dans la préfecture, qu'on les loge dans le Capitole reconstruit; nous voyons en effet dans quelques petites villes ,
la sous-préfecture renfermer tout, le Tribunal civil, la Mairie,
la gendarmerie, etc. Si on ne les place pas non plus dans
notre vaste Hôtel-de-ville, qu'on bâtisse un édifice étendu,
ou deux petits édifices dans les sept emplacements in-
diqués ci-dessus, et qu'on y loge toutes les différentes
administrations publiques, ou presque toutes. Quoique je
conseille de placer toutes les différentes Administrations
dans des bâtiments publics, néanmoins je prétends que la
plupart des chefs des Administrations ne doivent pas y
être logés, car si on pouvait s'en empêcher, il ne faudrait

loger aucun fonctionnaire public dans les bâtiments du peuple ; c'est évidemment un abus de loger des gens salariés dans des édifices publics; il faut donc n'y loger que ceux qu'on ne peut pas s'empêcher .d'y loger.

CHAPITRE IV.

Facultés des sciences et des lettres.—Cabinet d'histoire naturelle. — Bibliothèques publiques. — Capitole.

M. Thénard a déclaré que les Facultés des sciences et des lettres de Toulouse ne recevraient aucune augmentation jusqu'à ce que la ville eût créé pour elles un vaste et somptueux local. D'abord, on songea à les placer dans la maison des Orphelines ; ensuite, on s'est arrêté à un projet qui consiste à détruire tous les bâtiments dépendants de l'Hôtel-de-ville, situés à l'Est, au Nord et au Midi, pour loger ces deux Facultés. Le conseil municipal a voté déjà, dit-on, 300,000 fr. pour cet objet, sans considérer qu'il s'est engagé aussi à faire bâtir une immense Caserne, un quai pour l'île de Tounis, un vaste bâtiment pour l'Ecole des arts et métiers, et qu'il doit dépenser 6 ou 700,000 fr. pour régulariser la place Royale, et encore, dit-on, près de 200,000 fr. pour terminer le Musée; le tout s'élevant à peu près à trois millions. Certes le conseil municipal aime à jouer de la truelle ! M. Thénard a trouvé la Faculté des sciences *indécemment* logée dans le même local où Chaptal se trouvait *somptueusement* placé, quand il vint professer la chimie à Toulouse; et c'est pour obtempérer à la morgue de M. Thénard, pour céder à son outrecuidance, qu'on engage la ville à faire d'inutiles et folles constructions!!!...... Le conseil municipal a déclaré dans sa séance du 7 janvier dernier, que la somme

énorme de 400,000 fr. va être destinée au logement de
ces deux facultés; l'Architecte de la ville vient d'en élever
le devis à 444,000 fr. Quand on considère qu'on impose
à la cité l'obligation de dépenser 444,000 fr. pour loger
et établir convenablement au Capitole les deux Facultés,
n'est-on pas en droit d'appeler une pareille dépense une
vraie prodigalité? Si on dépense plus de 300,000 fr. au
logement des Facultés, on pourra dire que le conseil municipal n'épargne pas les deniers communaux; j'ose dire
qu'il ne faudrait pas y dépenser plus de 100,000 fr. Où
est la nécessité de placer les Facultés dans un Palais? On
paraît avoir aussi l'intention de loger plusieurs professeurs dans le nouveau local; à quoi servira de les y
loger, excepté un ou deux? Si on trouve nécessaire
d'y en loger quelques-uns, il est nécessaire d'y loger
seulement ceux qui sont chargés de la Chimie et du Cabinet d'histoire naturelle. Si on place les Facultés dans
le Capitole, on dépensera 444,000 fr.; plutôt que de faire
cette grande dépense, je prétends qu'il vaut mieux ne
pas augmenter le nombre des chaires des Facultés; en
effet, les deux Facultés, telles qu'elles sont, peuvent nous
suffire; celle des sciences même est assez complète tant
que nous n'aurons pas une Faculté de Médecine; si Toulouse obtient tôt ou tard une Faculté de médecine, malheureusement, comme je le prouve dans mon dernier chapitre, dans ce cas seulement il faudra de suite augmenter
la Faculté des sciences comme on a maintenant le dessein
de l'augmenter; alors il faudra que la ville fasse la grande
dépense de construire ou d'approprier un vaste bâtiment
pour loger la Faculté de médecine et la Faculté des sciences.
Or, si on établit une Faculté de médecine à Bordeaux,
Toulouse ne doit pas espérer d'en posséder jamais une.

Il paraît qu'on veut bien augmenter nos deux Facultés,
puisqu'on trouve insuffisant leur local actuel. D'abord il
est inutile d'augmenter la Faculté des lettres; elle possède

3

même un cours inutile : c'est la littérature grecque ; car ce cours est suivi seulement par quelques abbés ; on ferait bien de supprimer cette chaire, et d'envoyer son professeur enseigner complétement la langue grecque, ou la littérature grecque dans le petit séminaire ; car ce professeur de la Faculté n'est qu'un traducteur, un lecteur ; mais on n'a pas besoin de l'envoyer au petit séminaire, puisqu'on y enseigne la langue grecque. Qu'on abolisse donc cette chaire dans cette Faculté ; qu'on la remplace, si on veut, par une chaire de littérature étrangère ; le traitement de 3,000 fr. sera bien mieux employé. Ensuite, si absolument on veut augmenter la Faculté des sciences, il faut l'augmenter de deux chaires seulement ; voici comment il faut faire : qu'on divise l'Histoire naturelle en trois chaires, *Botanique*, *Zoologie* et *Minéralogie*. Qu'on fasse toujours le cours de *Botanique* au jardin des Plantes ; l'Histoire naturelle ne formera donc que deux cours enseignés dans le local de la Faculté des sciences. On fait maintenant cinq cours dans le local de la Faculté ; désormais la Faculté sera composée de sept cours ; l'un de ces cours sera fait au jardin des Plantes ; on ne fera donc que six cours dans le local de la Faculté ; on y fera donc seulement un cours de plus que maintenant. Or, je prétends qu'il suffit que cette Faculté soit composée de sept cours, tant que Toulouse ne possèdera pas une Faculté de médecine (et peut-être aussi quand même elle en possèderait une). Si on fait seulement un cours de plus à la Faculté, son local actuel peut suffire. Ainsi, en résumé, je prétends qu'il faut composer la Faculté des sciences de sept chaires seulement, en faisant comme je viens de dire, et qu'il faut la laisser dans son local actuel. En effet, à quoi servira d'y créer d'autres chaires ? Notre Faculté des sciences n'a peut-être pas maintenant assez de chaires, mais on songe peut-être à lui en donner trop ; qu'on fasse comme je viens de dire, qu'on prenne ce juste milieu, et notre Faculté des sciences renfermera assez de cours.

On dit que la Faculté des lettres n'a qu'un logement
d'emprunt; qu'importe que cette Faculté ait un logement
d'emprunt, si les professeurs des deux Facultés peuvent
faire leurs leçons dans le même local? La salle de Physique
et la salle de Chimie ont été toujours assez vastes jusqu'à
présent pour contenir tous les auditeurs. Est-ce que ces
deux Facultés auront désormais un plus grand nombre
d'auditeurs, quand même on les augmenterait de plusieurs
chaires? Les Ecoles de droit et de médecine de Toulouse,
qui fournissent presque tous les auditeurs, auront-elles
désormais plus d'élèves qu'elles n'en ont eu jamais jusqu'à
présent? Les chaires qu'on a l'intention de créer dans les
deux Facultés attireront-elles un auditoire plus nombreux
que les chaires existantes? Il faut donc laisser ces deux
Facultés dans leur local actuel; il faut seulement que les
professeurs des deux Facultés continuent de faire leurs
leçons les uns après les autres, dans les deux salles de
la Faculté des sciences. On pensait à construire un bâtiment pour loger les deux Facultés, on ferait donc là une
dépense inutile ; or, une ville ne doit pas faire une dépense qu'elle peut éviter. Oui, je prétends que le local
actuel suffit aux deux Facultés, quand même des chaires
seraient créées dans l'une et dans l'autre. Dire que la
Faculté des lettres n'a qu'un logement d'emprunt, c'est
dire une bêtise, encore même bien grosse, c'est-à-dire une
puérilité; cette remarque est une idée bien singulière; il n'est
pas du tout nécessaire que chaque Faculté ait un local
particulier. Quand même trois Facultés seraient réunies
dans le même local, ce serait parfaitement égal, si tous
les professeurs pouvaient y faire leurs leçons, en entrant
les uns après les autres. Trouver à redire à une Faculté
qui a un logement d'emprunt, c'est comme si on trouvait
à redire à une famille qui paye un loyer; s'il est nécessaire que chaque Faculté ait son local, il sera nécessaire
aussi que chaque famille ait sa maison d'habitation. Trouver

à redire à une Faculté qui a un logement d'emprunt, c'est
comme si on disait que la langue grecque, et les sciences
mathématiques et physiques, étant enseignées dans les bâtiments des Colléges, ont aussi des logemens d'emprunt.
Prétendre que les professeurs de deux Facultés ne doivent
pas aller faire leurs cours dans les mêmes salles, c'est
comme si on prétendait que les gens des différentes classes
ne doivent pas aller dans les mêmes églises les uns après
les autres aux divers offices. En un mot, où est la nécessité que chaque Faculté ait un logement particulier? Je
crois en avoir dit trop même pour prouver que c'est une
bêtise de prétendre qu'il ne faut plus laisser faire les cours
de ces deux Facultés dans les mêmes salles. On n'a pas
besoin donc de chercher un local pour chacune de ces
deux Facultés. Je ne suis pas du tout surpris que M.
Arzac et les journaux de Toulouse s'élèvent de toutes leurs
forces contre les prétentions de la commission des deux
Facultés; je partage leur indignation et leurs vœux pour
l'économie.

Cette commission voudrait encore que chaque Faculté
eût une salle particulière pour les examens; où est la
nécessité de faire une salle pour cet unique objet? Ne
peut-on pas faire les examens dans les salles des cours
publics? Les salles qui sont bonnes pour les leçons, ne
peuvent-elles pas être bonnes aussi pour les examens?
Ces salles ont été toujours bonnes jusqu'à présent pour
les examens; si la municipalité faisait construire une salle
pour aussi peu de chose, nous serions bien en droit de
dire que sans doute on ne sait où dépenser l'argent. Dira-
t-on aussi qu'il faut une salle pour contenir les Archives?
Un cabinet suffit pour contenir les Archives d'une Faculté,
de ces deux Facultés même. Il y aurait donc folie de la
part du conseil municipal à dépenser une grande somme
pour loger ces deux Facultés. Les envoyés de l'université
trouvent ces deux Facultés bien mal logées, et moi je
prétends qu'elles sont bien logées.

Il faut donc laisser les facultés dans leur local actuel ;
je crois avoir démontré assez qu'on peut, et par conséquent
qu'on doit les y maintenir. Cependant si on trouve que
ce local n'est pas assez vaste, on peut l'agrandir, consi-
dérablement même, et à peu de frais : on n'a qu'à y
joindre tout le jardin situé entre la salle de Chimie et la
rue des Balances ; il faudra construire une salle dans tout
l'emplacement occupé par ce jardin ; alors les Facultés auront trois salles; or, trois salles leur suffiront. Mais il
vaut peut-être mieux démolir la salle de Chimie et le laboratoire de Chimie, pour faire une salle bien grande avec
ces locaux et avec le jardin; alors on pourra donner aux
Facultés une salle bien vaste et bien belle ; cette nouvelle
salle de Chimie pourrait prendre le jour par en haut ; il
faudrait y faire deux grandes fenêtres à l'Est et à l'Ouest
pour faire évacuer les émanations chimiques ; on pourrait
construire un vaste laboratoire et dépôt à côté de ce
magnifique amphithéâtre nouveau. Mais on ne pourrait
pas loger le professeur de Chimie où il loge maintenant;
si on veut le loger toujours à la Faculté, il faut conserver
la salle actuelle de Chimie ; il faut faire une salle en amphithéâtre dans toute l'étendue du jardin voisin ; il faut
que cette nouvelle salle prenne le jour par en haut. Ce
nouvel amphithéâtre pourrait être consacré au cours de
chimie ; dans ce cas, il faudra faire près de sa voûte deux
ou trois grandes fenêtres situés au Nord, à l'Est et au
Midi, pour faire évacuer les émanations chimiques; le public
entrerait par la rue du Collége royal, ou par un passage
qu'on laisserait entre le Collége royal et cette nouvelle
salle. Alors la Faculté des Lettres ferait tous ses cours
dans la salle actuelle de Chimie ; par là, chaque Faculté
aurait enfin son logement. Après avoir bien réfléchi aux
deux propositions que je viens de faire sur le local actuel,
je trouve qu'il vaut mieux que les deux facultés aient trois
salles. Si cette dernière idée est adoptée, je n'ai pas besoin

de dire qu'il faudra démolir le fourneau et la cheminée
de la salle actuelle de Chimie. En construisant cette nouvelle salle, on concilie toutes les exigences et tous les
intérêts. Je sais qu'on peut m'objecter que cette salle sera
près de la rue des Balances, qui n'est pas une rue paisible ; qu'on entoure la nouvelle salle de murs épais, cela
diminuera le bruit de la rue ; d'ailleurs on ne fera qu'un
seul cours dans cette salle, celui de chimie. Le bruit de
la rue, ainsi atténué, n'empêchera pas l'auditoire d'en-
tendre le professeur.

Je crois donc avoir trouvé les moyens de satisfaire tout
le monde, excepté peut-être ceux qui, dans des vues per-
sonnelles, voudraient que les deux Facultés fussent logées
dans un bâtiment bien vaste. Si, malgré toutes les raisons
que j'ai données, on déplace les Facultés, c'est-à-dire si
on veut jouer beaucoup de la truelle, qu'on transfère les
Facultés dans l'un des emplacements suivants :

1° Il faut les réunir derrière l'église des Cordeliers, entre la rue du Collége de Foix et la rue des Lois, dans le local
où je propose de transporter la Poste aux lettres (voyez
mon chapitre 3ᵐᵉ.) On peut y construire deux ou trois
vastes salles ; on peut encore faire une salle bien grande
au premier ; sinon, on emploiera tout le premier à contenir le Cabinet d'histoire naturelle. Le second contiendra
les archives des deux Facultés et logera le professeur de chimie et le conservateur du Cabinet d'histoire naturelle,
les seuls membres des Facultés qu'il est peut-être nécessaire de loger dans leur bâtiment. Je prétends que cet
emplacement est assez vaste pour contenir les deux Facultés,
car on peut acheter tout le long de la rue des Lois jusques au delà de M. Sage, relieur ; il faut acheter tout
jusques à la maison nᵒ 17 exclusivement. Assurément tout
cet emplacement est assez vaste pour loger les deux Facultés et le Cabinet d'histoire naturelle ; car ce cabinet
peut occuper tout le premier et on peut faire trois ou
quatre vastes salles dans le rez-de-chaussée.

La commission des Facultés a dit que deux conditions ont été regardées indispensables à remplir : 1° contiguïté de logement entre les deux Facultés, et 2° proximité de la Faculté de droit, qui fournit la plus grande partie de leurs auditeurs. On veut aussi que les Facultés soient placés dans un quartier paisible ; on veut peut-être encore qu'elles ne soient pas loin de la Place royale. Assurément cet emplacement réunit bien toutes ces conditions. Si absolument on veut déplacer les deux Facultés, je trouve qu'on fera bien de les établir dans cet endroit, (alors il faudra transférer la Poste aux lettres entre la rue Delfum et la rue du Poids-de-l'Huile.) Si on ne voulait y loger aucun membre des Facultés, ce local serait assez vaste pour contenir les deux Bibliothèques publiques dans son second étage ; car il serait bon que la Bibliothèque publique fût aussi à proximité de l'Ecole de droit. Mais ce nouveau bâtiment peut contenir tout : il n'y a qu'à placer les deux Bibliothèques publiques dans le second, et qu'à y bâtir un troisième où logeront le professeur de chimie et le conservateur du Cabinet d'histoire naturelle. (Il vaut mieux placer les deux bibliothèques publiques au premier et le Cabinet d'histoire naturelle au second.) Il faudra conserver la rue le long de la maison n° 17, et laisser aussi une rue au fond de la cour du Chauffage militaire. —J'ai dit au commencement de ce paragraphe qu'on pourra construire deux ou trois vastes salles dans ce local, et une salle bien grande au premier ; c'est dans le cas où on n'achètera cet emplacement que jusques à la boutique du sieur Massé, ferblantier, comme je le conseille pour la *nouvelle Poste aux lettres*.

Si on n'achète de cet emplacement que jusques à la boutique du sieur Massé, ferblantier, inclusivement, il faudra loger la Faculté des lettres dans l'ancienne Ecole de Médecine, rue des Lois. Si on achète tout cet emplacement jusques à la maison n° 17, si on y place tous les divers éta-

blissements mentionnés ci-dessus, et si la Faculté des Lettres ne peut pas y contenir, il faut également la loger
dans l'ancienne Ecole de Médecine. Ce local est assez grand
pour contenir cette Faculté ; on pourrait même y construire deux vastes salles. Il y aura presque contiguïté de
logement entre les deux Facultés, puisqu'elles ne seront
séparées que par une rue. La Faculté des lettres n'aurait
pas même besoin d'un emplacement aussi étendu. Si on
conserve la Faculté des sciences dans son local actuel,
soit qu'on agrandisse son local, soit qu'on ne l'agrandisse
pas ; si on veut absolument que la Faculté des lettres ait
aussi un logement particulier, on n'a encore qu'à la placer
dans l'ancienne Ecole de médecine. J'avoue qu'alors il n'y
aurait pas contiguïté de logement entre les Facultés ; mais
à la rigueur il n'est pas bien nécessaire qu'il y ait contiguïté
de logement.

2° On peut placer les deux Facultés, le Cabinet d'histoire naturelle et peut-être même les d ux Bibliothèques
publiques dans l'emplacement situé entre la rue Montoyol
et la rue Périgord, n° 4, vis à vis la chapelle du grand
Séminaire ; cet endroit est composé d'un vaste jardin et
de plusieurs maisons d'une faible valeur ; il me semble
que cet emplacement serait assez étendu pour loger tout;
de plus cet endroit est fort paisible. On ferait une issue
sur les deux rues. On ne trouvera pas cet emplacement
trop éloigné, puisqu'on voulait placer les deux Facultés
dans l'ancien Collége de Maguelonne.

J'ai proposé dans mon chapitre troisième de transporter
la Poste aux lettres dans cet endroit ; je désigne dans ce
chapitre plusieurs emplacements pour loger la Poste aux
lettres : voyez si on ne pourrait pas placer tous ces établissements scientifiques, ou presque tous dans quelques-
uns de ces emplacements.

3° Si on pouvait disposer du jardin de la ville, rue Rivals,
ce terrain contiendrait tous ces établissements scientifiques

et littéraires; si par cas, cet emplacement ne pouvait pas les loger tous, on n'aurait qu'à y joindre les jardins jusques à la rue Caussette, et jusques au jardin de l'hospice des Orphelines. Cet endroit est bien paisible aussi.

4° On pourrait encore les réunir dans le couvent de la Compassion, situé près le temple des protestants; cet édifice et ses jardins pourraient bien contenir tout; mais j'avoue que l'acquisition et l'appropriation coûteraient cher, car non-seulement il faudrait exhausser ses bâtiments bas, mais encore il faudrait faire des constructions dans ses jardins sur deux rues.

5° On peut loger tous ces établissements, ou du moins quelques-uns, dans le couvent des Carmélites, place des Capucins. Si les bâtiments et les jardins de ce monastère n'étaient pas assez vastes, on y joindrait un ou deux jardins voisins.

6° Nous pouvons les réunir dans l'emplacement du Chauffage civil, situé sur la rue des Cordeliers, entre l'église des Cordeliers et le couvent des Carmélites. Cet emplacement est assez vaste pour loger tous ces divers établissements; on peut appuyer les constructions d'un côté à l'église des Cordeliers; il faut acheter une maison vers la rue des Lois pour faire une issue sur cette rue; en sorte qu'il y aura une issue sur les deux rues. Tout serait bien logé dans cet emplacement; ainsi, qu'on place quelques établissements dans cet endroit, si tous ne peuvent pas contenir dans un autre local. Tout sera très bien situé dans cette grande cour de M. Cassagne. Il faudra démolir la maison contiguë à la chapelle de la Sainte-Épine; on passera dans la cour du Chauffage militaire; par là on pratiquera une issue vers la rue des Lois.

7° Nous pourrions encore les placer dans la cour d'Artillerie, entre la place des Capucins et la rue des Puits-Creusés; tout pourrait bien y contenir; car on pourrait y consacrer toute l'étendue de cette cour. Alors les Facultés et les Bibliothèques publiques seraient bien près de l'Ecole de droit. On transporterait le matériel d'artillerie de cette cour dans les vastes terrains de l'Arsenal ; on ferait aussi désormais les manœuvres dans ces terrains. Sans doute tout serait bien logé là, mais on trouvera peut-être cet emplacement trop loin de la Place royale. Si on déplace l'Arsenal, on ferait une rue au Midi de l'église des Capucins en démolissant la première maison n° 55.

8° Enfin, si on n'adopte aucun des emplacements désignés ci-dessus, qu'on réunisse tous ces divers établissements, ou quelques-uns, dans la partie postérieure du Capitole ; il faut faire contenir les deux Facultés le long de la rue Porte-Nove ; qu'on fasse deux salles seulement pour la Faculté des sciences et une pour l'autre Faculté. Si on veut loger deux ou trois professeurs à côté de leurs Facultés, qu'on les loge le long de la rue Porte-Nove, au-dessus des salles des cours publics. Qu'on réunisse les deux Bibliothèques publiques le long de la rue du Poids-de-l'Huile au premier et au deuxième étages ; qu'on forme le Cabinet d'histoire naturelle le long de la rue Lafayette au premier étage, son conservateur logera au premier ou dans le rez-de-chaussée. Les rez-de-chaussée et les étages supérieurs seront occupés par des sergents de ville et par des pompiers. Il faudra laisser la Commutation où elle est ; il faudra conserver tous les établissements dans le Capitole ; il faudra peut-être seulement les transporter sur d'autres points dans l'Hôtel-de-Ville ; ainsi, par exemple, l'enseignement mutuel serait transféré sous le Cabinet d'histoire naturelle. Cependant on sera peut-être dans l'obligation de déplacer l'Académie des sciences : si on l'ôte du Capitole, qu'on la transfère dans l'ancienne Ecole de médecine, rue des Lois ; ce local est assez vaste pour contenir tout ce qui concerne l'Académie. Mais cependant si les Facultés, les deux Bibliothèques et le Cabinet d'histoire naturelle sont réunis dans le Capitole, il faudrait y laisser aussi l'Académie des sciences, pour que notre Hôtel-de-Ville renfermât tous les divers établissements scientifiques et littéraires; alors cet édifice serait un *Palais des sciences et des lettres*. Je conviens moi-même qu'il serait beau de loger les sciences et la littérature dans le Capitole; ainsi, dans ce cas, il faut transférer ailleurs la Commutation; l'Académie des sciences pourra être placée au-dessus du local actuel de la Commutation, au premier. Si on ne peut pas continuer de loger des sergents de ville et des pompiers dans le Capitole, qu'on les loge ailleurs; évidemment il vaut encore mieux loger dans le Capitole ces établissements scientifiques et littéraires que des familles de valets de ville et de pompiers. On veut reconstruire l'Hôtel-de-Ville: on en reconstruira la moitié en y plaçant ces divers établissements. Qu'on fasse une rue droite à travers l'Hôtel-de-Ville du Nord au Midi, pour bâtir dans le centre de l'Hôtel-de-Ville. Qu'on fasse une seule cour rectangulaire au centre de la partie postérieure du Capitole. Il faut que notre Hôtel-de-Ville forme désormais deux édifices séparés.

Voilà donc huit emplacements différents que je propose pour loger les deux Facultés; on peut même placer les deux Bibliothèques publiques et le Cabinet d'histoire naturelle dans tous ces emplacements. Voici encore quelques endroits où l'on pourra former le Cabinet d'histoire naturelle et réunir les deux Bibliothèques publiques, en cas que ces dépôts ne soient pas placés à côté des Facultés.

J'entends dire depuis plus de vingt ans qu'on a le projet de réunir les deux Bibliothèques publiques; jusqu'à présent on a été toujours bien embarrassé, en sorte que nous avons deux Bibliothèques, et l'une des deux est ouverte inutilement trois jours de chaque semaine. Il est un moyen de concilier tous les intérêts, sur-le-champ même et sans frais: on n'a qu'à fermer la Bibliothèque du clergé au public et qu'à ouvrir tous les jours au public la Bibliothèque du Collège royal; il faut transporter dans celle-ci tous les divers livres qu'on demande quelquefois dans l'autre, ainsi que les Atlas et cartes géographiques; pour contenir tous ces divers ouvrages dans la bibliothèque du Collège royal, il faut aussi transporter de celle-ci dans l'autre une certaine quantité de livres qu'on ne demande jamais. Par cette mutation, nous aurons une Bibliothèque bien composée, et une Bibliothèque inutile au public; les gens de lettres seuls pourront entrer dans celle-ci, quand ils en auront besoin; c'est-à-dire, que la Bibliothèque du clergé sera désormais un grand dépôt de livres inutiles. On pourra toujours dans la suite faire une mutation de livres entre les deux Bibliothèques. Le public sera bien aise que celle du Collège royal lui soit ouverte les six jours de la semaine; je pense qu'il sera bien égal aux deux sous-bibliothécaires de passer les six jours de la semaine dans la même Bibliothèque, ou trois jours dans chacune. A Dieu ne plaise que je veuille proposer par là de destituer l'auteur de *l'histoire de Toulouse*; non, il ne faut pas manquer de laisser M. d'Aldéguier dans son logement actuel, avec le même traitement, et dorénavant avec le titre de *conservateur de la Bibliothèque du clergé*. Rien n'empêche de faire de suite ces changements, puisque ce sera égal pour tous les employés et que c'est favorable au public; qu'on exécute donc bientôt cette proposition. Comment n'a-t-on pas eu cette idée depuis longtemps? Comment ne l'a-t-on pas eue surtout à l'époque de la mort de M. l'abbé Dauzat? il ne fallait pas manquer alors de fermer la Bibliothèque du clergé, et de faire cet échange de livres, en donnant à M. d'Aldéguier le titre et les fonctions de *conservateur des deux Bibliothèques publiques*, et en le faisant loger de suite dans l'appartement de feu M. l'abbé Dauzat. Non seulement la ville épargnerait 2,400 fr. chaque année, mais encore elle louerait l'appartement occupé par M. d'Aldéguier, ou bien elle y logerait gratuitement les deux sous-bibliothécaires, ou encore elle donnerait gratuitement ce logement à titre de récompense à un homme qui a bien mérité de la cité, tel que M. Abadie, mécanicien, ou M. Du Mège, antiquaire. Ainsi, quand l'un des deux bibliothécaires actuels mourra, qu'on ne manque pas de réparer alors la faute qui a été commise à la mort de M. l'abbé Dauzat.

On n'a qu'à employer ces moyens bien simples, et ce sera comme si les deux Bibliothèques étaient réunies dans le même local. Mais on peut utiliser de suite même la grande et belle salle de la Bibliothèque du clergé : j'entends dire qu'on veut former un Cabinet provisoire d'histoire naturelle, que 28,000 fr. sont déjà votés pour cette collection, et que plusieurs objets se détériorent, n'étant pas dans un local convenable. On n'a qu'à réunir tous ces divers objets dans la Bibliothèque du clergé; qu'on les y place sur les trois grandes tables; s'ils ne peuvent pas y contenir, qu'on en mette sur des planches placées entre les trois tables: qu'on ôte tous les livres d'un rayon, et qu'on transporte ces livres dans les salles vides de la Préfecture. Par là, on formera de suite, et sans frais, un Cabinet d'histoire naturelle; la ville épargnera donc les 28,000 fr. votés. Évidemment ce cabinet provisoire ne sera pas ouvert au public.

Pourquoi ne ferait-on pas, de suite même, tout ce que je viens de dire envers les deux Bibliothèques et le Cabinet provisoire d'histoire naturelle? je ne conçois pas pour quelle raison on peut manquer d'exécuter ces idées. On pourrait même former définitivement le Cabinet d'histoire naturelle dans ce magnifique local : on n'aurait qu'à transporter dans les salles vides de la préfecture les livres de cette Bibliothèque qui sont rangés sur la galerie; c'est-à-dire, qu'on laisserait dans cette Bibliothèque presque la moitié de ses ouvrages. Les armoires du Cabinet d'histoire naturelle s'élèveraient jusques à la galerie; on ne mettrait pas des armoires devant les fenêtres; on conser-

verait les trois grandes tables actuelles; des collections
seraient placées sur les quatre côtés des trois tables, les
animaux les plus gros s'élèveraient au milieu des trois
tables; le public circulerait entre les trois tables. Tous
les rayons seraient pleins de livres au-dessus de la galerie,
qui serait fermée pour le public. Ne pourrait-on pas former
un vaste Cabinet d'histoire naturelle dans ce local? Le
professeur conservateur ferait son cours dans le logement
du bibliothécaire converti en amphithéâtre. Tout l'inconvénient que je trouve à ce Cabinet d'histoire naturelle,
c'est qu'il serait loin de la Faculté des sciences, et
que son conservateur ne serait pas logé dans ce local;
mais nous voyons que cet établissement est loin de cette
Faculté dans quelques villes. — On peut même former
un Cabinet d'histoire naturelle dans cette Bibliothèque,
sans en ôter des livres : on n'a qu'à placer les armoires
de ce cabinet à quatre pans loin des rayons des livres;
cet espace suffira pour les livres; on pourra donner cinq
pans de largeur aux armoires, on pourra les élever presque
jusques à la galerie; il ne faut pas que les armoires soient
fermées derrière, c'est-à-dire, il faut que le public, en
circulant, voye les livres sur les rayons au-delà des
armoires. L'espace qui restera entre les armoires et les
trois tables sera assez large pour laisser circuler le public.
Il faudra placer des armoires sur tous les côtés de la Bibliothèque, excepté le long du côté situé vers le jardin
de la Préfecture, parce que le fond de la salle ne serait
pas assez éclairé; on appliquera des portes en fil de fer
devant les rayons des livres de ce côté. Il faudra laisser
un passage devant toutes les fenêtres entre les armoires;
tous ces passages seront fermés par une grille en fer. J'ai
dit qu'il faut laisser un passage de quatre pans entre les
livres et les armoires; c'est pour qu'on puisse aller nettoyer les livres et les armoires et aller prendre des livres.
Cette grande salle peut donc être un dépôt de livres et

un Cabinet d'histoire naturelle. On pense à la démolir
pour isoler l'église Saint-Etienne ; il est dommage de démolir unesalle aussi vaste et aussi belle, qu'on pourrait
même toujours utiliser. Lorsque M. de Brienne fit construire ce magnifique local, il ne croyait pas qu'on le démolirait, peu de temps même après lui.

Si abso'ument on veut que le Cabinet d'histoire naturelle soit près de la Faculté des sciences, et si on conserve
cette Faculté dans son local actuel, il ne faut pas manquer
de former ce Cabinet dans les salles de la Bibliothèque
du Co'lége royal ; son conservateur professeur logera dans
l'appartement de feu M. l'abbé Dauzat, et fera son cours
dans la salle actuelle de physique. — On peut encore
former cette collection d'Histoire naturelle et transférer
les deux Bibliothèques entre la rue Gaussette, le jardin de
la ville, la rue Rivals et le jardin de l'hospice des Orphelines;
on peut même y joindre une partie de ce dernier jardin,
puisqu'il faut transférer les Orphelines dans un autre
local. Ces établissements seraient bien situés là, puisque
cet endroit est bien paisible. Le cabinet occuperait le rez-
de-chaussée, les deux Bibliothèques occuperaient le premier et le deuxième étage ; on entrerait par la rue Rivals ;
les deux conservateurs logeraient au troisième. Ou bien,
qu'on loge seulement les deux Bibliothèques publiques
dans cet emplacement; le conservateur occupera le rez-
de-chaussée. — Nous pouvons établir cette galerie d'Histoire naturelle et transporter les Bibliothèques publiques
dans l'ancien Collége de Maguelonne ; nous formerions un
vaste cabinet dans le rez-de-chaussée, et nous ferions contenir autant de livres que nous pourrions des Bibliothèques
au premier ; les autres livres seraient transportés dans les
salles vides ou combles de la préfecture. La moitié du
premier serait la salle de lecture ; l'autre moitié du premier
formerait toujours plusieurs petites salles d'un carré long ;
de même le rez-de-chaussée pourrait être toujours com-

posé de petites salles formant le Cabinet d'histoire naturelle. — Mais le meilleur local pour le Cabinet d'histoire
naturelle serait le Musée ; si on veut que cette collection
soit visitée par beaucoup de monde, c'est là qu'il faut la
placer ; ainsi, qu'on tâche de l'établir dans les bâtiments
du Musée ; quoique ce soit loin des Facultés, cette considération ne doit pas arrêter.— Enfin, si aucun des emplacements désignés ci-dessus ne convient, qu'on loge les
deux Bibliothèques publiques, le Cabinet d'histoire naturelle et les deux Facultés dans les bâtiments de notre vaste
Capitole, en faisant comme je dis dans ce chapitre.

Voilà donc plusieurs emplacements que je propose pour
contenir ces divers établissements ; on peut choisir aussi
parmi les locaux que je désigne dans un autre chapitre
pour loger désormais la Poste aux lettres. Nous pouvons
nous dispenser de placer les bibliothèques publiques dans
des locaux aussi vastes que ceux qui les renferment aujourd'hui : ces deux dépôts contiennent beaucoup de livres
inutiles, c'est-à-dire, beaucoup de livres qu'on n'a jamais
demandés et qu'on ne demandera jamais. J'ai dit déjà qu'il
faut réunir tous les livres inutiles de ces deux dépôts dans
la Bibliothèque du clergé, et tous les bons ouvrages dans
l'autre Bibliothèque ; lorsque cet échange aura été fait,
les deux Bibliothèques renfermeront un nombre de volumes
à peu près égal. Si on déplace tôt ou tard ces deux
dépôts publics, il sera inutile de transporter dans le nouveau local les livres qui formeront la Bibliothèque du
clergé ; il faudra laisser toujours les livres dans cette Bibliothèque, ou les transporter dans les salles vides ou galetas
de la préfecture. Il n'est donc pas nécessaire que le nouveau local soit bien vaste, puisque désormais la Bibliothèque
publique ne sera composée que des livres de la Bibliothèque du Collége royal. Ainsi, notre nouvelle Bibliothèque
publique pourrait contenir dans tous les emplacements
que j'ai désignés, surtout au premier de l'ancien Collége

de Maguelonne, et au premier du Capitole le long de la rue Porte-Nove, ou le long de la rue du Poids-de-l'Huile jusques au portail. Si on transfère les livres de la Bibliothèque du clergé dans le nouveau local de la Bibliothèque publique, une vaste salle ou plusieurs petites salles seront occupées inutilement, tandis que tous ces livres superflus pourraient fort bien contenir dans les immenses bâtiments de la Préfecture ; les gens de lettres devront avoir toujours la faculté d'aller les consulter. Il ne nous en coûtera donc pas extrêmement d'avoir une Bibliothèque publique bien composée, puisqu'un local pareil à celui de la Bibliothèque du Collége royal sera suffisant.

Qu'on choisisse un de ces nombreux emplacements pour loger tous ces divers établissements ; ou bien, qu'on en loge quelques-uns dans un de ces emplacements, et les autres dans un autre emplacement. Voici les endroits auxquels je prétends que la préférence doit être donnée: 1° Il faut laisser les Facultés et les Bibliothèques publiques où elles sont; il faut agrandir le local des Facultés jusques à la rue des Balances, c'est-à-dire, il faut construire une salle dans tout le jardin contigu à la salle de Chimie ; il faut faire un échange de livres entre les deux Bibliothèques; il faut que celle du clergé contienne aussi définitivement le Cabinet d'histoire naturelle, et que celle du Collége royal soit ouverte tous les jours au public. Si les livres embarrassent jusques à la galerie dans la Bibliothèque du clergé, qu'on transporte ces livres et leurs planches dans la Préfecture — 2° Si absolument on veut que le Cabinet d'histoire naturelle soit dans le local de la Faculté des sciences, qu'on le forme dans les salles de la Bibliothèque du Collége royal ; qu'on laisse les Facultés où elles sont en leur construisant une vaste et belle salle entre la salle de Chimie et la rue des Balances. Quoique nous ne leur donnions pas un local nouveau, néanmoins il faut que le ministre nous accorde enfin les chaires que nous avons

4

— 50 —

eu tant de peine à obtenir, parce que le local actuel avec cette nouvelle salle sera suffisant. Il faudra transférer la Bibliothèque du Collége royal dans le Capitole, au premier, le long de la rue Porte-Nove, ou le long de la rue du Poids-de-l'Huile; quant à celle du clergé, je prétends que dans tous les cas elle doit désormais être fermée au public; il faudra dans ce cas transporter tous ses livres dans la Préfecture; on peut toujours utiliser sa grande et magnifique salle, si on ne la démolit pas : il faut y placer les bureaux de plusieurs administrations publiques, conformément à ce que je dis dans mon chapitre troisième. Je prétends que dans les deux cas mentionnés ci-dessus, on doit nous accorder les chaires demandées, parce que le local actuel avec cet agrandissement suffira; on doit au moins nous les accorder dans le second cas, parce que le Cabinet d'histoire naturelle sera placé dans ce local. — 3º Si absolument il faut un local bien vaste pour les Facultés, qu'on les établisse derrière l'église des Cordeliers, entre la rue du Collége de Foix et la boutique du sieur Massé, ferblantier, rue des Lois; cet endroit est assez vaste pour contenir ces deux Facultés. Il faudra former le Cabinet d'histoire naturelle dans la Bibliothèque du clergé; il faudra que celle du Collége royal soit ouverte tous les jours au public, en la laissant où elle est; il faudra vendre le local actuel des deux Facultés au Collége royal, qui doit, dit-on, en donner plus de 45,000 fr. — On peut joindre le Cabinet d'histoire naturelle aux Facultés dans cet emplacement : on n'a qu'à acheter les maisons et cours le long de la rue des Lois jusques au nº 17, c'est-à-dire qu'il faudra acheter la cour du Chauffage militaire. Alors cette collection pourra bien contenir au premier; on pourrait même loger la Bibliothèque du Collége royal dans un local aussi étendu; la Bibliothèque occuperait le premier, et le Cabinet d'histoire naturelle le second; les conservateurs et professeurs logeront au troisième; les divers cours des

Facultés seront faits dans trois ou quatre salles au rez-
de-chaussée. — Sinon, qu'on loge la Faculté des lettres
dans l'ancienne École de médecine, ou bien qu'on établisse
le cabinet d'Histoire naturelle dans tout le local de l'ancienne École de médecine ; cet emplacement est assez
vaste pour contenir cette collection, car on peut lui donner
un premier et un second, ainsi que le rez-de-chaussée ;
on peut même construire des salles sur les deux rues.
Alors l'emplacement derrière l'église des Cordeliers pourra
bien contenir tous les autres établissements.

4° Enfin, qu'on réunisse tout dans l'immense cour du
bois à vendre de M. Cassagne, rue des Cordeliers, à côté
de l'église des Cordeliers, en achetant aussi les bâtiments
et hangards qui appartiennent à ce marchand de bois ;
assurément cette cour, avec ces bâtiments, pourra bien
contenir tous ces divers établissements. Il faudra construire un bâtiment sur les quatre côtés de cette cour, au
centre de laquelle on fera une cour carrée ; les bâtiments
auront deux étages au moins; on pourra y transférer les deux
Bibliothèques publiques ; celle du Collége royal occupera
un ou deux côtés de cet emplacement au premier, celle du
clergé sera réléguée au second ; le Cabinet d'histoire naturelle pourra occuper tout le reste du premier. Plusieurs
professeurs et conservateurs pourront être logés au second
et au rez-de-chaussée. Qu'on ne manque pas de faire une
issue sur la rue des Lois, en achetant une maison d'une faible
valeur, contiguë à la chapelle de la Sainte-Épine et
appartenant à M. Mallevigne ; il faut acheter aussi le
passage dans la cour du Chauffage militaire à M. Cazau-
bon.

Ces quatre emplacements sont les meilleurs de tous ceux
que je propose ; que la Municipalité choisisse maintenant
parmi tous les endroits désignés dans deux de mes
chapitres. Si, contre mon avis, on déplace les Facultés et
les Bibliothèques, qu'on les transfère dans la cour du bois

de M. Cassagne, rue des Cordeliers; je trouve que c'est l'emplacement le plus favorable ; qu'on y établisse aussi le Cabinet d'histoire naturelle. Cet endroit est le meilleur, si on veut faire la dépense d'acheter un emplacement, mais il vaut mieux transporter tous ces établissements dans le Capitole, pour économiser. Ainsi, me résumant entièrement, je prétends 1º qu'il faut laisser les Facultés où elles sont, en agrandissant leur local jusques à la rue des Balances ; il faut établir le Cabinet d'histoire naturelle dans les salles de la Bibliothèque du Collége royal, qu'il faut transférer dans le Capitole, et il faut fermer la Bibliothèque du clergé. Si on veut absolument déplacer les Facultés et les Bibliothèques, je prétends 2 que, pour épargner, il faut réunir tout dans le Capitole.

Si on déplace les Facultés, et si on établit le Cabinet d'histoire naturelle dans le local de la Bibliothèque du Collége royal, il ne faudra pas manquer d'expliquer son cours dans la salle actuelle de physique ; on vendra le reste du local des Facultés au Collége royal. — Si on établit les bureaux de plusieurs administrations publiques dans la salle de la Bibliothèque du clergé, il faudra laisser un corridor large devant tous les bureaux dans toute la longueur de la salle ; qu'on fasse tout comme dans le local des bureaux actuels de la Préfecture. — Si on donne un nouveau local aux deux Bibliothèques, ou à celle du Collége royal seulement, et quel que soit ce local nouveau, il suffit que la salle de lecture soit deux fois plus longue que celle de la Bibliothèque du Collége royal ; il faut que tout le reste du local de notre nouvelle Bibliothèque soit divisé en petites pièces d'un carré long, comme dans la Bibliothèque de l'Arsenal de Paris ; je ne crois pas avoir besoin de dire pourquoi je donne l'idée de ces petites salles carrées. — Qu'on réunisse, ou qu'on ne réunisse pas ces divers établissements dans le Capitole, on ferait bien d'y placer les différentes administrations publiques, si on ne les établit pas dans la salle de la Bibliothèque du clergé ; néanmoins il ne faudra pas y loger des fonctionnaires publics. Il vaudrait mieux que l'Hôtel-de-Ville fût rempli d'administrations différentes et d'établissements publics quelconques que de sergents de ville et de pompiers avec leurs familles. Ainsi qu'on remplisse le Capitole de diverses choses utiles et belles ; si absolument on veut loger les sergents de ville et les pompiers dans un bâtiment communal, que l'on construise pour eux un édifice simple à une petite distance de l'Hôtel-de-Ville ; en conséquence, si on déplace les Facultés et les Bibliothèques malgré toutes les raisons que j'ai données, qu'on les transporte dans le Capitole et qu'on y fasse aussi un vaste Cabinet d'histoire naturelle, (quoique le local de la Bibliothèque du Collège royal fût assez grand pour contenir un Cabinet de province), et qu'on loge ailleurs les pompiers et les sergents de commune, car nous voyons en effet que la plupart des cités ne logent pas ces gens-là dans les Hôtels-de-Ville. Les dépenses que je propose dans ce § seront à peu-près comme celles qu'on a déjà proposées au conseil municipal. Qu'on loge ces employés subalternes dans un des emplacements que je désigne dans deux de mes chapitres, par exemple, derrière l'église des Cordeliers, rue des Lois. — On a mal fait de transférer l'Ecole de médecine au Jardin des plantes ; elle est trop loin de tout, excepté du Jardin botanique ; il fallait la laisser où elle était ; on n'avait qu'à reconstruire son local ; c'est-à-dire qu'on n'a jamais fait que des fautes à Toulouse, oui, on a fait toujours toute sorte de fautes dans cette ville. Si on ne place aucun établissement scientifique ni littéraire dans l'ancienne Ecole de médecine, rue des Lois, qu'on y loge dorénavant la gendarmerie à pied, pour utiliser ce local ; évidemment il vaut mieux que cette gendarmerie soit là qu'à l'Esplanade. Si on n'y loge pas une brigade de gendarmerie à pied, qu'on y loge plusieurs

sergents de ville , ou plusieurs pompiers. Il faudra y construire un bâtiment de trois ou quatre étages. Si l'Ecole
de médecine avait été conservée dans ce local , Toulouse
aurait son *quartier latin.*

Après y avoir bien réfléchi , je prétends que si on déplace les Facultés , il vaut mieux les transférer dans la
partie postérieure du Capitole que dans tout autre emplacement , pour épargner. Si on déplace les deux Bibliothèques publiques , on fera bien de les réunir dans le
Capitole ; si on réunit tout dans le Capitole, il faudra y
former aussi le Cabinet d'histoire naturelle. Dans ce cas ,
il faut diviser le Capitole en deux portions à peu près
égales ; il faudra percer une rue à travers le Capitole
pour construire des bâtiments sur les deux côtés de cette
rue ; il faut que cette rue soit large pour que les bâtiments soient bien éclairés et bien aérés ; on fera les salles
de tous les Cours sur cette rue nouvelle et sur la rue
Porte-Nove ; ces deux rues seront paisibles , ces salles n'auront donc pas besoin de prendre le jour par en haut ;
on pourra donc faire deux étages au-dessus de toutes ces
salles ; il ne faudra laisser passer que les piétons dans
cette nouvelle rue. La Bibliothèque publique sera sur
l'une de ces deux rues. Qu'on réunisse tout dans le Capitole , mais qu'on n'y loge pas les professeurs des Facultés ; les villes sont obligées de loger les Facultés, mais
elles ne sont pas obligées de loger leurs professeurs; qu'on
y loge seulement le professeur de chimie et le professeur
de zoologie, conservateur du Cabinet d'histoire naturelle.
Il faut conserver tout dans le Capitole , excepté la commutation, c'est-à-dire il faudra laisser l'Académie des sciences et l'enseignement mutuel dans la partie postérieure,
et il faudra placer l'administration de l'octroi et les pompes
à incendie dans la partie antérieure. Quel que soit le nouveau local des Facultés, qu'on se garde bien d'y loger
leurs professeurs, ce serait un grand abus , que les habitants verraient avec indignation.

Quelques-uns proposent de loger les deux Facultés
dans l'hôtel Saint-Jean ; on ferait très mal ; on commettrait
là une faute ; on ne manquerait pas de se repentir de les
y avoir transférées, (comme on se repent peut-être
déjà d'avoir transporté l'Ecole de médecine au Jardin des
Plantes) ; c'est pour plusieurs raisons qu'il ne faut pas les
y loger ; cet édifice est tellement loin des étudiants en
droit et en médecine, ainsi que des oisifs de la place
Royale et de l'allée Lafayette, que les Facultés auraient
très peu d'auditeurs. On prétend qu'il faut les établir dans
l'hôtel Saint-Jean pour favoriser la paroisse de la Dalbade ;
cette paroisse n'a pas besoin du tout d'être favorisée :
elle est riche ; tandis que les paroisses Saint-Sernin et
Saint-Pierre ont bien besoin d'être favorisées ; le meilleur
parti qu'on puisse prendre donc est de placer les Facultés,
ainsi que les Bibliothèques publiques et le Cabinet d'histoire naturelle près de l'Ecole de droit ; ainsi, le meilleur
emplacement pour ces divers établissements est la cour
du bois à brûler de M. Cassagne, rue des Cordeliers, à
côté de l'église des Cordeliers.

Le conseil municipal a décidé de faire reconstruire le
Capitole ; on a eu là une bonne idée, car le Capitole est
tout à fait irrégulier en dehors et surtout en dedans. Il
faut que tous les bâtiments du Capitole situés sur les trois
rues soient aussi élevés que sa magnifique façade ; il faut
que tous les bâtiments des trois rues soient uniformes ; il
faut que leurs façades soient un peu monumentales. Qu'on
n'élargisse pas la rue Porte-Nove, ni la rue du Poids-
de-l'Huile ; l'expérience a prouvé toujours que ces deux
rues sont assez larges. Qu'on ne manque pas de reconstruire le grand Consistoire ; il faudrait même le faire plus
grand que l'ancien. Qu'on fasse une salle longue sur tout
l'emplacement du théâtre le long de la place Royale. Si
on ne fait pas ce que je dis dans ce chapitre envers les
deux Bibliothèques publiques, et envers le Cabinet d'his-

toire naturelle, il ne faudra pas manquer de transférer les deux Bibliothèques publiques et de former le Cabinet d'histoire naturelle dans le Capitole reconstruit; il faut que tous les bâtiments sur les trois rues soient composés de trois étages; il faudra réunir les deux Bibliothèques dans les premier et deuxième étages, le long de la rue Porte-Nove; chacun de ces deux étages formera plusieurs salles; ces diverses salles s'étendront autant que la rue Porte-Nove, (il n'est pas nécessaire que ces salles soient aussi larges que celle de la Bibliothèque du clergé; il suffirait qu'elles fussent aussi larges que la salle de lecture de la Bibliothèque du Collége royal). Si tous les livres des deux Bibliothèques actuelles ne peuvent pas contenir dans ces salles, il faudra porter dans un édifice public quelconque, par exemple, dans les salles vides ou galetas de la Préfecture les livres inutiles, c'est-à-dire, les livres qu'on ne demande jamais et qu'on ne demandera pas; dans la suite quand il faudra mettre des ouvrages nouveaux dans ces salles, s'ils ne peuvent pas y contenir, il faudra en ôter quelques livres et les porter dans la Préfecture; par là, ces nouvelles salles suffiront pour former la Bibliothèque publique. La salle du premier étage doit être la salle de lecture; cette salle doit contenir tous les livres qu'on peut demander souvent. Il n'est pas nécessaire de loger le conservateur de la bibliothèque dans le Capitole.

Il faudra former un Cabinet d'histoire naturelle au premier étage le long de la rue du Poids-de-l'Huile; on pourra y faire un cabinet bien long. On pourra transférer la classe d'enseignement mutuel dans le rez-de-chaussée, sous le Cabinet d'histoire naturelle, rue du Poids-de-l'Huile près la rue Porte-Nove. Le professeur conservateur du Cabinet d'histoire naturelle pourra être logé dans le rez-de-chaussée, sous le cabinet, et fera son cours dans le cabinet ou dans le rez-de-chaussée; il n'est pas bien nécessaire que cet établissement soit placé dans le local de la Faculté des

sciences ; ce professeur peut faire ailleurs son cours , de
même que le professeur de Botanique, quoique membre
de la Faculté des sciences, fait son cours au jardin des
Plantes. Sinon, qu'on place la Bibliothèque publique le
long de la rue du Poids-de-l'Huile dans les deux premiers
étages, et les autres établissements le long de la rue Porte-
Nove. — Dans le premier cas, on peut laisser la Commutation où elle est; on peut laisser aussi l'Académie des sciences
dans son local actuel; si on déplace la Commutation, on
pourra transférer l'Académie des sciences sur son emplacement ; voyez la fin de ma future brochure , où je
propose un emplacement nouveau pour la Commutation.
— Voilà les établissements qu'il faudra former dans le Capitole, en le reconstruisant; tous les autres bâtiments de
notre Hôtel-de-Ville seront toujours occupés par des sergents de ville et par des pompiers ; on ferait bien d'y loger
aussi une brigade de gendarmerie à pied. Cependant au lieu
d'y loger tous ces gens là , il vaudrait mieux y placer
plusieurs administrations publiques, conformément à ce que
je dis dans mon chapitre troisième.

Il ne faut placer dans la partie postérieure du Capitole
ni les Facultés, ni les Bibliothèques publiques, ni le Cabinet
d'histoire naturelle ; il vaut mieux vendre en parcelles
toute la partie du Capitole que j'ai désignée pour loger
ces divers établissements scientifiques. Ainsi, qu'on ne
manque pas de vendre tout le fond de notre Hôtel de-
Ville; la partie antérieure suffira pour loger la Mairie, l'A-
cadémie des sciences, l'enseignement mutuel, les pompes
à incendie et l'administration de l'octroi ; il faudra seulement transporter ailleurs la Commutation. L'espace désigné
pour loger les Facultés se compose de 4960 mètres ; en
débitant ce terrain à nu, on le vendrait au moins à raison
de 100 fr. le mètre, ce qui, pour 4960 mètres, donnerait
en résultat une somme de 496,000 fr. Les matériaux pro-
venant de la démolition des constructions actuelles valent

10,000 fr. ce qui donne un total de 536,000 fr.; ce total entrerait dans la caisse municipale. Le nouvel édifice à construire pour loger les Facultés dans l'Hôtel-de-ville, d'après l'avis de l'Architecte municipal, coûterait au moins 444,000 fr. Le total général serait par conséquent de 980,000 fr.

Il vaut mieux donc évidemment vendre environ la moitié du Capitole. Ainsi, qu'on perce une rue droite depuis la rue Lafayette jusques au portail de la rue du Poids-de-l'Huile; qu'on vende tout ce qui sera compris entre cette nouvelle rue et la rue Porte-Neve. Il faut exiger que toutes les maisons qu'on bâtira dans ce moulon carré soient uniformes. Il faut vendre la moitié de notre vaste Hôtel-de-Ville, ne serait-ce que pour éviter l'énorme dépense de le reconstruire; il faudra y faire seulement deux façades uniformes, l'une sur la rue Lafayette et l'autre sur la nouvelle rue. L'Académie des sciences et l'enseignement mutuel seront transférés dans l'emplacement du théâtre, ou le long de la rue Lafayette. Pour loger les sergents de commune et les pompiers qui sont logés maintenant dans l'Hôtel-de-Ville, on construira des bâtiments dans l'ancienne Ecole de médecine et derrière l'église des Cordeliers entre la rue du Collège de Foix et la rue des Lois, jusques à la cour du Chauffage militaire inclusivement En vendant la moitié du Capitole, on pourra bien construire deux bâtiments simples pour ces gens là; il faudra y loger aussi la gendarmerie à pied, si elle peut y contenir.

CHAPITRE V.

Propositions diverses.

1° On a répandu dernièrement dans le public deux pages imprimées formant un dialogue entre un actionnaire de la

société Saint-Jean et un actionnaire de la société de la
Daurade, au sujet de la perception du droit d'étalage de
la draperie pendant les quatre foires de Toulouse. Ce papier imprimé dit que l'inutile occupation de *l'hôtel de la
Daurade* par deux préposés (célibataires) de la Manufacture des tabacs occasionne une perte annuelle de 55,100
fr.; savoir : 30,100 fr. au gouvernement et 25,000 fr. à
la ville de Toulouse. Ce papier dit qu'il faudrait faire
l'étalage de la draperie pendant les quatre foires de Toulouse dans ce bâtiment, ce qui produirait un revenu de
20,000 fr.; et qu'il faudrait appliquer les vastes caves de
cet édifice à loger les huiles de l'entrepôt, location qui
donnerait 5,000 fr. de revenu.. Je me joins à l'auteur ano-
nyme de cette feuille imprimée, pour engager le gouvernement et la ville à donner à ce bâtiment de la Daurade cette
nouvelle destination, ou toute autre destination produc-
tive. Alors, si les bâtiments du Bazacle ne suffisent pas
pour la Manufacture des tabacs, qu'on agrandisse et qu'on
exhausse quelques-uns de ces bâtiments, ou qu'on fasse
une grande construction près de la Manufacture.

Ce même papier dit que des échoppes établies, en planches
sur nos places publiques pendant le tenue des foires, et
convenablement disposées comme à Beaucaire, à Bordeaux,
etc., pourraient remplacer plus économiquement *l'hôtel
Saint-Jean :* puisque c'est ainsi, il faut que la ville établisse
ces échoppes, soit qu'on laisse une partie des tabacs dans
l'édifice de la Daurade, soit que la ville emploie cet édifice à une autre destination. Les échoppes réussiront autant à Toulouse que dans les autres villes de l'Europe ; je
dirai seulement qu'il vaudrait peut-être mieux les établir
dans nos promenades que sur nos places publiques, pour
ne pas déplacer les marchés ; il me semble que ces échoppes
seraient fort bien situées sur le quai Dillon ; ce quai serait
fermé au public toutes les nuits pendant la tenue des foires;
les échoppes formeraient deux ou trois rangs ; plusieurs

sentinelles resteraient nuit et jour tout autour des rangs
des échoppes, comme les quatre pavillons des expositions
publiques de l'industrie étaient gardés continuellement
par des sentinelles sur la place Louis XV à Paris. Je crois
être l'interprète des vœux des habitants de Toulouse en
priant le conseil municipal de faire, bientôt même, tout
ce que dit ce papier imprimé; (pour plus amples rensei-
gnements, voyez ce papier imprimé.)

2° Il ne faut pas manquer de déplacer les Orphelines,
puisque on tirera un très bon parti de leur maison et de
leur jardin, rue Lafayette; il faut transférer ces filles dans
le faubourg Saint Michel; on achètera trois ou quatre
vieilles maisons avec leurs jardins et on fera un bâtiment
vaste pour les loger; on peut faire cette *nouvelle maison
des Orphelines* dans la rue des Trente-six-Ponts. Sinon,
qu'on les transfère dans le faubourg Saint-Cyprien entre
l'église et l'hôpital de la Grave; les maisons de ce quartier
ne doivent pas coûter cher. Il y a longtemps que les Orphelines
ne devraient plus être sur la rue Lafayette: elles n'ont pas
besoin d'être sur une des premières rues de Toulouse. Par
quel aveuglement la majorité du conseil municipal s'est-
elle opposée dernièrement à leur translation dans le faubourg
Saint-Cyprien?

3° Il faut paver tous les *trottoirs des quais* avec de
petits cailloux, pareils à ceux des trottoirs du Pont neuf;
comment les trottoirs du Pont neuf et des quais ne sont-
ils pas pavés ainsi depuis bien longtemps? Comment peut-on
tarder autant à avoir de bonnes idées? Il faudrait faire
dans les rues de Toulouse, du moins dans les rues les plus
passagères, des trottoirs pareils à ceux des rues de Poitiers; ces trottoirs sont faits avec de grands cailloux plats;
ce genre de trottoirs coûterait donc bien peu; notre municipalité n'a qu'à demander des explications sur cet objet
à la municipalité de Poitiers.

4° Il est surprenant qu'on n'ait pas transféré le *moulin à poudre* à deux ou trois lieues loin de Toulouse aussitôt après le désastre de 1816 ; un moulin à poudre n'aurait jamais dû être près d'une grande ville. On parle de le transférer dans une île de la Garonne, près de Portet ; espérons qu'on nous délivrera enfin un jour de cet établissement si dangereux.

5° Il faut faire passer le Canal au-delà de l'Ecole vétérinaire ; il faudra faire un *champ de Mars* entre l'Ecole vétérinaire et l'extrémité actuelle de l'allée Lafayette ; on donnera une forme ovale à cet hippodrome. On pourrait prolonger l'allée Lafayette jusques à l'Ecole vétérinaire , mais il vaut mieux y former un champ de Mars. Qu'on fasse ou qu'on ne fasse pas cet hippodrome, il ne faut pas manquer de transporter le Canal au-delà de l'Ecole vétérinaire , ne serait-ce que pour la mettre en dedans du rayon de l'octroi.

6° On ferait bien de former un petit Cimetière dans le genre de celui du Père Lachaise ; on formerait ce Cimetière , destiné à l'opulence Toulousaine, sur la colline, au-dessus du pont Saint-Sauveur, sur le côté méridional du chemin de Montaudran ; on le nommerait *Cimetière spécial*, ou *Cimetière de l'Est*, ou bien encore *Cimetière Saint-Sauveur*. Une compagnie devrait, par spéculation, faire ce Cimetière, qui d'abord ne serait composé que d'un ou de deux arpents, En attendant que ce lieu se garnît de Mausolées, cette compagnie y ferait des récoltes, ou des prairies artificielles ; elle ne risquerait donc pas d'y perdre beaucoup. On vendrait au moins trois cents francs l'emplacement le plus petit pour ériger un monument à un corps grand. Il faudrait imiter en toutes choses le Cimetière du Père Lachaise. On y recevrait, avec l'autorisation du clergé , les gens riches de toutes les différentes paroisses de Toulouse et de la banlieue même. On agrandira ce Cimetière dans la suite de temps en temps ; on ferait bien de le composer

maintenant de quatre ou cinq arpents, parce que le terrain
coûtera bien cher dans la suite. Il me semble qu'il y aura
des bénéfices considérables à cette entreprise ; la municipalité devrait former ce Cimetière par spéculation ; elle
ne ferait qu'imiter la municipalité de Paris. Alors Toulouse suivra l'exemple de Lyon et de Bordeaux pour les
Cimetières.

7° J'entends dire depuis longtemps qu'on veut faire un
marché couvert sur la place des Carmes ; on fera bien d'y
faire un marché couvert ; mais il nous suffit de couvrir
les deux côtés courts de cette place ; lorsque Toulouse
se sera agrandie, on couvrira les deux autres côtés, si
toutefois on n'établit pas un marché de ce genre sur un
autre point de la cité. Pour tant de marchés couverts qu'on
fasse, il faut les faire de la manière la plus économique ;
ces constructions doivent être bien simples en tout ; des marchés n'ont pas besoin d'être jolis.

8° On ferait bien de former un réservoir dans lequel
on tiendrait toujours toute sorte de poissons vivants ; pour
cela, on ferait une construction au bord de la Garonne, dans
l'île de Tounis par exemple ; cette construction serait dans
l'eau ; on appliquerait deux grandes plaques en fil de fer,
l'une au-dessus et l'autre au-dessous, en sorte que l'eau
passerait continuellement dans cette *poissonnerie* ; je n'ai
pas besoin de dire qu'elle devrait être bien couverte par
dessus ; ce petit établissement ne risquerait rien, car l'eau,
dans les inondations, passerait par dessus, comme elle
passe sur les murailles basses. Moyennant ce réservoir,
les habitants seraient sûrs d'avoir des poissons vivants
de tous les genres, tous les jours, à toute heure. Il est
inutile de dire que ces poissons coûteraient plus cher aux
citoyens que ceux de la halle. J'ai dit que cette poissonnerie devrait être couverte par dessus ; il ne sera pas
nécessaire de la couvrir, si le propriétaire ou fermier
loge à côté ; il faudra entourer le réservoir de murailles

assez hautes pour qu'elles dépassent les plus grandes inondations qu'on a vues; la maison du fermier pourrait être une des murailles du réservoir; il vaut mieux même ne pas le couvrir, quand même le fermier logera loin.

9° Il faut convertir nos ignobles barrières en *Arcs de triomphes* plus ou moins grands. Ainsi, que l'on construise deux petits pavillons pour l'octroi sur les deux côtés de la route, à la Patte-d'Oie, au bout de la belle avenue ; qu'on les surmonte de deux colonnes; il faudrait que ces deux colonnes fussent aussi grosses et aussi hautes que celles de la barrière du Trône à Paris; deux grosses colonnes orneraient le quartier Saint-Cyprien et la campagne voisine : il faudra les construire sur la route un peu loin des fossés. — On ferait bien d'ériger aussi deux colonnes avec deux pavillons à la barrière de Muret; elles y produiraient un bel effet. — Qu'on érige deux colonnes à la barrière de Guilleméry, deux à la barrière Saint-Michel et deux autres sur le milieu du pont des Demoiselles ; en un mot, qu'on fasse quelque ornement à nos principales barrières. — Si on n'érige pas deux colonnes à la Patte-d'Oie, qu'on y élève un véritable Arc de triomphe, tout en pierre et en maçonnerie, mais entièrement semblable aux Arcs de triomphe de Rome. — L'Arc de triomphe du pont est trop bas; il faudra exhausser ses trois portes de manière que cet Arc de triomphe dépasse les deux pavillons contigus, (je veux dire que le sommet de l'Arc de triomphe doit dépasser d'un peu les sommets des deux pavillons) ; quand on l'aura exhaussé ainsi, on devra le surmonter d'une statue colossale équestre, ou mieux d'un char de triomphe traîné par trois chevaux guidés par un guerrier. Il ne faut faire aucun changement aux deux pavillons. Un Arc de triomphe ne doit pas être bas, surtout au bout d'un pont; quand on est sur le milieu du pont, on ne voit pas du tout le faubourg Saint-Cyprien. Tous les Arcs de triomphe que j'ai vus sont hauts.

10° Il faut donner une *récompense pécuniaire*, ou une *médaille d'or* ou *d'argent* aux auteurs de propositions utiles à la ville de Toulouse ; on doit au moins leur rembourser les frais d'impression ; ces médailles doivent avoir deux pouces de diamètre ; il suffit qu'elles soient de la valeur de 100 fr. ; par une récompense pécuniaire, j'entends une petite somme, 100 fr., ou 200 fr., ou 400 fr. J'invite le conseil municipal à décerner une médaille en or à M. Arzac pour son zèle et ses propositions ; ce conseiller infatigable et désintéressé mérite bien cette récompense ; je crois être l'interprète de la reconnaissance de la cité en sollicitant cette médaille pour cet estimable citoyen.

11° Il faut donner à des *rues*, à des *quais*, etc., les *noms* de tous les hommes qui ont été mis et qui seront mis dans la galerie des Illustres, ainsi que les noms des hommes qui ont été et qui seront utiles à la ville. — On peut faire encore plusieurs niches dans la galerie des Illustres au Capitole ; nos descendants seront dans l'heureuse obligation de convertir en galerie des Illustres la salle du bal et même la longue salle située entre la salle des Illustres et le grand escalier ; alors il faudra faire des dispositions et des ornements à cette grande salle.

12° Il faut établir quatre ou cinq *dépôts de Pompes à incendie* sur divers points de Toulouse : un à Saint-Cyprien, un sur la place des Carmes, un dans le quartier Saint-Étienne rue Sainte-Anne, un sur la place Arnaud-Bernard. Il faudra loger plusieurs pompiers et plusieurs sergents de ville dans tous les dépôts des pompes à incendie ; par là, les secours seront prompts ; il faudra donc acheter des maisons et des jardins sur quatre ou cinq points de Toulouse, on les convertira en constructions simples. Quelques sergents de ville et quelques pompiers seront toujours logés dans le Capitole ; en sorte que tous seront logés dorénavant dans des bâtiments communaux. On m'objectera que ces quatre ou cinq dépôts de Pompes coûteront cher ; néanmoins le conseil municipal ne doit pas hésiter à faire cette amélioration.

13° Il faut former un *Parterre* au château d'eau ; ce Parterre sera triangulaire et renfermera presque tout le château d'eau ; ce parterre sera fermé par une grille ou muraille. — Il faut faire aussi des *Parterres* entre l'église Saint-Sernin et les grilles qu'on doit placer autour de l'église. — Il faut encore former un *Parterre* assez vaste au centre de la place Lafayette. Tous ces parterres seront faits dans le genre des jardins Anglais ; ils embelliront leurs quartiers; il faudra les affermer tous; cela produira un petit revenu à la ville. — Il faudra placer quatre reverbères à la circonférence du Parterre de la place Lafayette, vis-à-vis les quatre principales rues, pour éclairer cette vaste place. Il faut faire des trottoirs, larges même, autour de ce Parterre et autour de cette grande place; c'est pour plusieurs motifs qu'il faut y faire des trottoirs. — Je prétends qu'il faut faire encore un autre ornement sur notre magnifique place Lafayette : qu'on érige une statue colossale sur un piédestal au centre de son Parterre ; cette statue pourra être un Apollon ou un Mercure; ou mieux, qu'on y érige une colonne aussi haute que les maisons de cette place ; cette colonne sera surmontée d'une statue. Une petite colonne n'empêchera pas du tout de voir les rues au-delà de cette place; on conciliera tout par un petit monument.

14° Il faut ériger une *statue colossale* à un illustre Toulousain dans la niche de la place Mage.

15° La porte Montgaillard étant presque un arc de triomphe, il ne faudra jamais la démolir : qu'on la surmonte de deux ou trois *statues* en l'honneur de Toulousains illustres. — Qu'on érige aussi des *statues* sur la porte du jardin des Plantes, une au-dessus de chaque colonne de marbre, à l'exemple des statues qui sont au-dessus des colonnes de la façade du théâtre de Bordeaux. Ces statues seront dédiées à des naturalistes de Toulouse; elles produiront

5

un bel effet, étant placées en face de celles de la porte Montgaillard.

16° On peut faire un embellissement au jardin Royal : il faut élever une *petite colonne* au centre d'un de ses ronds ou boulingrins; cette colonne doit être aussi haute que les arbres, on la surmontera de la statue ou du buste colossal d'un Toulousain illustre. — Il faudrait que tout ici fût en marbre, tandis qu'on peut faire en pierre de taille et en maçonnerie toutes les statues et colonnes mentionnées plus haut.

17° On ferait bien dans l'intérêt de la morale de construire une petite *maison de détention* pour les enfants, les vieillards et les femmes accusés de crimes et de délits, et pour les hommes accusés de délits légers; on y renfermerait aussi les gens de tout âge et de tout sexe condamnés à moins d'un an d'emprisonnement; on pourrait y enfermer aussi les enfants et les femmes des départements voisins condamnés à de légères peines correctionnelles; (les enfants dans les maisons de force devraient être séparés de tous les autres condamnés). Cette prison renfermerait des individus qui ne seraient pas pervers. On peut la construire entre la rue Périgord, n° 4, et la rue Montoyol, parce que cet endroit est près du Tribunal correctionnel, ou bien il faudra la construire dans l'Arsenal actuel, sinon entre la rue Rivals et la rue Caussette. Si on la faisait vaste, on pourrait y enfermer aussi les prisonniers pour dettes.

18° Il faut faire toujours les *exécutions à mort* devant la Caserne de la gendarmerie; cela ne porte aucun préjudice à l'Esplanade; elle est aussi fréquentée qu'auparavant. Si par cas, on veut que les exécutions capitales se fassent dans un autre endroit, il faudra les faire sur la place Saint-Michel; cette place sera sans doute plus grande, quand on aura fait le boulevard dans ce faubourg; il ne faudra pas placer les pierres de l'échafaud sur cette place, parce

que leur aspect serait pénible pour les habitants et les
étrangers. Si enfin on a tôt ou tard la mauvaise idée de
vouloir faire les exécutions dans un endroit différent, il
faudra les faire entre le jardin des Plantes et la maison
Puymaurin; on achètera quatre ou cinq arpents du vaste
enclos dépendant de la maison Puymaurin; mais on ferait
bien mal, parce que ce terrain coûterait extrêmement,
cet espace serait perdu pour l'agriculture, et on porterait
un grand préjudice à ce quartier, en ce que la ville ne
s'agrandirait pas de ce côté; tandis que les exécutions faites
devant la Caserne de la gendarmerie ne portent aucun
préjudice aux maisons voisines; si on achetait un emplacement, on ferait donc une dépense inutile et nuisible.

19° Il faut placer des *cordes* droites à des piquets forts
dans tout le *foirail de Saint-Etienne*; tous les bestiaux y
seront attachés; cela préviendra les accidents, et produira
un petit revenu à la ville; alors il n'y aura plus confusion
parmi le bétail : les chevaux seront ensemble, les bœufs
seront attachés aux mêmes cordes, etc. C'est une mesure
lucrative qu'on devrait prendre aux foires dans toutes les
villes et dans tous les villages, car on devrait exiger une
rétribution partout, et ces cordes devraient être affermées.
Je suis bien surpris de cette incurie et de cette indiffé-
rence des municipalités.

20° Il faut démolir les deux murailles du *pont de Tounis*,
parce qu'elles cachent ce qu'il y a au-delà; il faudra remplacer ces deux murs par deux grilles de la même hauteur
à gros barreaux rapprochés; évidemment on peut bien
démolir ces deux murs, si on les remplace par deux grilles
hautes et fortes.

21° Il faut obliger les *commis des barrières de l'octroi*
de porter toujours un costume pareil à celui des commis
des barrières de Paris; ne serait-ce que parce que les
étrangers ne peuvent les distinguer des particuliers. Dailleurs
le simple sens commun dit que tous les divers fonc-

tionnaires publics doivent avoir quelque marque distinctive.

22° Nos descendants seront peut-être dans l'obligation d'agrandir le *jardin des Plantes* jusques à la grande allée.

23° Il faut défendre aux citoyens de conduire des im. mondices dans les ruisseaux, en balayant les rues, parceque l'eau entraîne ces immondices dans les aqueducs, en sorte que l'eau croupit dans les aqueducs; voilà pourquoi les égoûts infectent, et voilà pourquoi il faut les nettoyer souvent. Il faudrait que l'eau conservât toujours sa limpidité dans les ruisseaux des rues.

Il faudrait que le service des tombereaux dans les rues fût terminé tous les jours à 10 ou 11 heures du matin. N'est-ce pas une honte de voir encore des tombereaux dans les rues à une heure de l'après-midi? Ce service est toujours achevé à Paris avant 11 heures, en hiver même; il est terminé avant 9 heures dans la petite ville de Châlons-sur-Saône.

Qu'on défende aux charrettes de la fabrique de la Poudrette d'entrer dans la ville avant 11 heures du soir. Ces charrettes n'entrent jamais dans Paris qu'après 11 heures. Il faudrait obliger de transporter la fabrique de la Poudrette au-dessous de la ville, puisque le Château-d'Eau est dans le faubourg Saint-Cyprien.

24° Je suis surpris qu'on n'ait pas encore vendu le *terrain* situé entre le *boulevard Napoléon* et la ville; il paraît qu'on veut faire une rue entre la ville et ce terrain; on ferait bien mal, parce que ce terrain, étant rendu par là bien étroit, on n'en tirerait pas un bon parti; ainsi, qu'on vende tout le terrain jusques aux maisons et jardins de la ville; si on est obligé de laisser un espace, qu'on laisse seulement l'espace fixé par la loi, ou qu'on y fasse une petite rue comme la rue Gamion.

25° Malgré ce que j'ai dit plus haut sur les *trottoirs*, il vaudrait mieux employer l'*asphalte* aux trottoirs des Quais; il faudrait faire aussi en asphalte des trottoirs dans les grandes rues de la ville et des faubourgs.

26ᵒ Quelques villes ouvrent la nuit leurs *Bibliothèques publiques* ; on fait bien mal ; quelque ville s'en repentira tôt ou tard ; ce n'est bon que dans le quartier Latin à Paris. Pour si studieux que l'on soit, les jours sont bien assez longs pour aller y lire. Les Bibliothèques courant un grand danger, qu'on ne les ouvre plus la nuit ; d'ailleurs cela occasionne une dépense à la ville.

27ᵒ Il faudrait créer une *foire pour les laines ;* elle durerait plusieurs jours et on la tiendrait chaque année pendant une autre foire.

28ᵒ Voici encore une mauvaise innovation : L'expérience a prouvé bientôt que les *expositions publiques de l'Industrie* sont inutiles et nuisibles aux fabricants et aux artisans : inutiles, parce que les pratiques ne quittent pas leurs ouvriers, ni les manufacturiers ; nuisibles, parce qu'elles leur font perdre beaucoup de temps et d'argent. On invente des moyens économiques, ces moyens sont donc nuisibles à la classe ouvrière ; ainsi, les villes font là une dépense funeste.

Les expositions de l'Industrie ne sont bonnes à Paris qu'en ce qu'elles favorisent Paris. Il faut donc les supprimer partout, du moins dans les Provinces ; (cependant quelques Provinces du Centre et de l'Ouest étant arriérées en toutes choses, on fera bien d'y faire des expositions de l'Industrie pendant vingt ou trente ans). — Néanmoins il faut bien se garder de supprimer les *expositions publiques des beaux arts ;* on fait mal de faire des expositions de l'industrie, mais on fait bien de faire des expositions des beaux arts ; on devrait faire souvent des expositions des beaux arts dans toutes les villes considérables ; ainsi, qu'on en fasse une à Toulouse chaque année à la fin de l'été dans le Capitole, et qu'elle dure un mois au moins ; qu'on décerne solennellement quelques récompenses le jour de la distribution des prix de l'école des Arts.

29ᵒ On fait à Toulouse une grande procession, créée par les Capitouls, et nommée *procession séculaire ;* évidemment

cette procession ne se renouvelle pas assez souvent ; il faut
la faire désormais tous les dix ans ; il faut que cette *procession décennale* soit aussi complète que la procession séculaire,
c'est-à-dire il faudra quelle soit composée de tout le clergé ,
de toutes les autorités, des pénitents de toutes les couleurs ,
etc., etc. ; il faudra sonner toutes les cloches de Toulouse
pendant la durée de la procession. Il faudra la faire toujours,
le jour de la procession de la Fête-Dieu ; ces deux proces-
sions seront réunies. *La procession décennale* favorisera Toulouse. Pour que les étrangers ne soient pas venus inutilement, s'il fait mauvais temps le dimanche de la Fête-Dieu ,
il faudra la faire le lundi ou le mardi suivant. On pourrait
commencer en 1840, ou en 1846 , car il me semble que
la procession séculaire a été instituée en 1456.

30° Il faut planter des *mûriers* ou d'autres arbres dans
tout le *foirail de Saint-Etienne*. Il vaut mieux y planter des
mûriers, parce qu'ils produiront un revenu à la ville. Par
là , le bétail sera dans la suite à l'ombre pendant les foires. Il faut que les arbres forment des allées parallèles à
l'allée Saint-Etienne. Qu'on oblige les marbriers d'enlever
tous les marbres qui sont entre l'allée Saint-Etienne et la
ville; il faudra planter aussi des arbres sur l'emplacement
de ces marbres. Si on fait une plantation dans le foirail
de Saint-Etienne, il faudra faire ailleurs les exécutions capitales ; il faudra les faire sur la place Saint-Michel. Mais
plutôt que de faire ailleurs les exécutions, il vaudra peut-
être mieux ne pas planter des arbres dans le foirail de
Saint-Etienne , ou bien , on en plantera seulement dans une
partie du foirail.

31° Qu'on transporte sur la place du Château-d'Eau la
bascule de la barrière Saint-Cyprien ; c'est là qu'il fallait la
construire ; qu'on la place entre le passage des charrettes
et la maison n° 6. Il faut que toutes les charrettes et di-
ligences venant des routes de Muret et de Bayonne s'y
fassent peser.

32° On a érigé un monument funèbre pour là bataille du 10 avril 1814 sur le point culminant des redoutes; cet obélisque produit un bel effet, vu d'un peu loin sur la route d'Albi. Je prétends qu'il faut élever aussi une colonne à l'armée française, sur la colline des redoutes; cette colonne embellira aussi le vaste quartier Lafayette et la campagne voisine. Nous avons érigé un grand mausolée aux braves tués le 10 avril, il nous faut élever aussi un monument au courage et aux efforts que l'armée française déploya dans cette circonstance, et qui furent admirés des ennemis même. Ce monument nouveau ne sera donc pas un contre-sens, comme on serait d'abord porté à le croire; ce doit être une *colonne* qu'il faut ériger sur la colline, vis-à-vis le milieu de l'allée Lafayette; j'ai proposé plus haut d'ériger une petite colonne au centre de la place Lafayette; ces deux colonnes, placées aux extrémités de cette promenade, produiront un effet magnifique. Il faut que cette colonne que je conseille d'élever sur la colline des Redoutes, et qui ornera extrêmement l'Ecole vétérinaire, soit aussi grosse et aussi haute qu'on pourra la faire; on y montera par un escalier intérieur, (il n'est pas nécessaire de pouvoir y monter, si on monte aisément au sommet de l'obélisque); il faudrait que cette colonne fût encore plus haute que la colonne Vendôme. Il faut qu'elle soit au moins aussi haute que l'Obélisque; il faudra la surmonter de la statue colossale du maréchal Soult, (il faudrait que cette statue fût équestre.) Les noms des généraux, des régiments et des souscripteurs seront gravés sur toute la colonne. Tout sera en pierre et en maçonnerie. Il faudra peut-être que la ville y contribue plus que les souscripteurs; néanmoins, il ne faut pas hésiter à ériger ce monument. J'ai entendu dire qu'on n'a pas pu ériger l'obélisque vis-à-vis le milieu de l'allée Lafayette; quand même les difficultés du terrain seraient grandes, il me semble qu'on peut les surmonter. Il faudra que cette colonne soit assez haute pour que l'École vétérinaire ne l'empêche pas de produire un bel effet envers l'allée Lafayette. Malgré toutes les raisons qu'on peut m'objecter, j'espère qu'on érigera tôt ou tard ce monument.

33° Il faut faire deux allées ou une allée partout ou presque partout autour de l'église Saint-Sernin, avec des bancs en pierre; cela embellira l'église et ce sera une promenade pour les voisins.

34° Il faut placer une boîte pareille à la boîte aux lettres des villages dans la cour du Capitole devant le secrétariat-général; les citoyens jetteront dans cette boîte des lettres et papiers proposant différentes améliorations à faire à la commune de Toulouse, contenant des plaintes contre les employés à la salubrité publique, etc. On videra cette boîte tous les huit jours; il faudrait la placer de suite.

35° Chaque ville devrait donner à des *rues* les *noms des hommes célèbres* nés dans son sein, et ceux de ses bienfaiteurs, pour ne pas laisser périr leur souvenir et pour exciter l'émulation parmi les descendants. Il faut surtout donner les noms de ces hommes estimables aux rues dont les dénominations sont insignifiantes ou ridicules. Ainsi, qu'on donne le nom de Godolin à la rue de l'Hospice militaire, d'autant plus qu'on croit que sa maison était au bout de cette rue; qu'on donne aussi le nom de Delpech, médecin, à la rue du Cheval-Blanc; il faut donner aussi le nom de M. Cany, médecin, au pont Saint-Michel, ou au pont Saint-Pierre, puisque c'est M. Cany qui a donné l'idée de ces deux ponts. On vient de donner le nom de Bonaparte à la grande rue Saint-Cyprien; il faut donner à cette rue le nom de Charles Laganne, ou celui de M. Abadie, mécanicien; il vaut mieux que cette rue porte le nom d'un des bienfaiteurs de Toulouse que celui d'un homme qui a été le fléau de l'Europe, et surtout de la France. Si cette grande rue est nommée dorénavant rue Laganne, il faut donner le nom de M. Abadie à la rue basse du Cours-Dillon ; si on conserve les noms actuels de ces deux rues, il faut donner le nom de M. Abadie à la rue de la Laque ; quoi qu'il en soit, qu'on donne le nom de M. Arzac à la rue des Teinturiers, faubourg Saint-Cyprien ; (ou bien, qu'on donne les noms de ces deux Toulousains à deux rues nouvelles.) Il y a longtemps que le buste de Dalayrac devrait être placé dans notre Panthéon, au Capitole. Il faut conserver aux rues les noms qui rappellent des souvenirs historiques.

J'ai dit dans mon chapitre de *l'Arsenal nouveau* qu'il faut donner des noms de Toulousains illustres à la grande rue qu'on fera depuis la place Saint-Pierre jusques à la porte Arnaud-Bernard et à celle qu'on fera depuis la place Saint-Pierre jusques à la rue des Jacobins ; si absolument on ne veut pas leur donner des noms de Toulousains, qu'on leur donne des noms de grandes batailles ; ainsi, la première doit être nommée *Cours d'Yéna*, et la deuxième *rue de Wagram*, ou *rue de la Moscowa* ; qu'on ne manque pas de donner à des rues, les noms de toutes les batailles anciennes et nouvelles gagnées par les Français ; (c'est ce qu'on devrait faire dans toutes les villes.) Qu'on donne aussi à des rues les noms des illustres guerriers.

36° Qu'on ordonne de supprimer les *enseignes saillantes* dans toutes les rues et places ; c'est un abus que l'autorité n'aurait jamais dû tolérer.

37° Il ne faut plus souffrir aussi les *portes et les portails qui s'ouvrent en dehors* ; ces portes sont bien dangereuses ; qu'on se hâte de détruire partout cet abus, au fond des faubourgs même ; ou bien, qu'on oblige, sous peine d'amende, les citoyens d'envoyer quelqu'un dans la rue tous les matins quand on ouvre ces portes.

38° J'entends dire depuis quelque temps qu'il faudrait faire une *nouvelle organisation des pompiers* ; il me semble qu'on ferait bien de diminuer le nombre des sergents de ville, et d'augmenter le nombre des pompiers; alors six pompiers, au moins, passeraient chaque jour dans le Capitole, ils rempliraient les fonctions de sergents de ville; ces gens-là, n'étant pas à travailler loin, seraient toujours prêts en cas d'incendie dans le jour. Tous les pompiers seraient de service chacun à son tour pendant 24 heures au Capitole; ainsi, qu'on supprime huit sergents de ville, et qu'on augmente de huit hommes le corps des pompiers; il vaut encore mieux que quatre pompiers soient de service chaque jour au Capitole et que quatre autres pompiers soient de service chaque jour dans le bureau de police de la place des Carmes; les uns et les autres rempliront les fonctions de valets de ville dans ces deux endroits; il faudra leur payer ce qu'ils gagneraient de leur métier dans un jour. Si les pompiers pouvaient remplir toutes les fonctions de sergents de ville, il faudrait supprimer tous les sergents de commune, et les remplacer par des pompiers, c'est-à-dire augmenter le nombre des pompiers; alors, un nombre de pompiers égal à celui des valets municipaux serait employé et divisé continuellement jour et nuit dans le Capitole et dans le bureau de police de la place des Carmes; les dépenses municipales seraient les mêmes, ou à peu près les mêmes. Il faudra qu'ils portent aussi leur uniforme de pompiers en exerçant les fonctions de sergents de commune; il faudra seulement leur donner de plus les deux galons de sergents. J'ai entendu dire qu'on voudrait leur faire exercer aussi les fonctions des anciens soldats du guet. — Pour dire tout en peu de mots, qu'on ne manque pas de loger tous les pompiers dans quatre ou cinq bâtiments communaux; voilà la meilleure organisation qu'on puisse donner à ce corps; alors les secours seront prompts; or, c'est tout ce qu'on peut souhaiter des pompiers.

39° Qu'on supprime enfin la *garde nationale* de Toulouse;

elle n'est plus nécessaire ; on peut l'abolir entièrement
sans crainte ; la garnison suffira désormais ; on dépense
là inutilement 20,000 fr. chaque année depuis quelque
temps ; qu'on épargne désormais cette somme annuelle
de 20,000 fr. La garde nationale est supprimée totalement
dans la plupart des villes de la France.

40° Il faut élargir et exhausser les *bâtiments de l'état-
major de la division militaire* le long de la rue Saint-
Antoine du T., de manière que ces bâtiments soient aussi
larges et aussi hauts que ceux que nous admirons sur la
rue des Pénitents-Bleus ; par là, on embellira la rue Saint-
Antoine du T; dès que cet agrandissement sera fait, il
faudra placer tous les divers bureaux militaires de Toulouse dans les bâtiments de l'état-major sur les deux rues;
il faudra loger aussi dans ces vastes et beaux édifices
l'intendant et les sous-intendants ; si on peut, il faudra y
loger aussi le colonel de la gendarmerie, avec ses bureaux
et les archives ; il faudra tâcher d'y loger aussi un général
de brigade, ou les deux généraux de brigade comman-
dants ; en un mot, il faudra remplir ces vastes bâtiments
de bureaux militaires, et d'autorités militaires supérieures
ou subalternes. L'état-major devrait être logé dans ces
édifices et la Manutention devrait être dans le couvent
des Carmélites depuis l'abolition des couvents; comment
a-t-on pu tarder autant à avoir l'idée de faire ces changements ? Le couvent des Carmélites n'aurait jamais dû
être une Caserne à cause du voisinage du grand Séminaire. On ferait bien de construire un ou deux édifices
dans les sept emplacements désignés dans mon chapitre
3me ; on y logerait les autorités militaires supérieures et
subalternes qui ne pourraient pas contenir dans les bâtiments de l'état-major ; ces deux édifices auraient aussi
l'avantage d'embellir la ville.

41° Il faut obliger les citoyens de placer des *dalles et des
conduits en fer blanc* à toutes les maisons pour l'écoulement

des eaux pluviales, parce que l'eau des gouttières dégrade les rues et est bien désagréable aux passants.

42° Qu'on défende aux différentes *voitures publiques et particulières* d'aller vite dans les rues de la ville et des faubourgs ; c'est un abus qui n'aurait jamais dû être toléré dans aucune cité, car des accidents arrivent quelquefois dans toutes les villes.

43° La façade du *Musée* offre un aspect désagréable ; elle a donc bien besoin d'un grand ornement : Ainsi, qu'on ne manque pas d'y faire un *pérystile* ; il faut que ce pérystile soit presque aussi large que la façade ; il faudra que le fronton s'élève jusques à la toiture. Ce pérystile doit être composé de six colonnes ; on placera trois colonnes sur chaque côté de la porte. Il faut que le fronton et les six colonnes soient en pierre ; un pérystile en pierre sera assez beau pour un bâtiment aussi simple. Qu'on mette le mot *Musée* en grandes lettres sur le fronton.

44° J'ai dit dans un autre chapitre qu'il faut employer les *soldats* à la salubrité de la ville ; il faudrait les employer aussi aux *divers travaux* que la municipalité fait exécuter dans toute l'étendue de la commune ; je prétends même que les soldats devraient être employés, en temps de paix, à tous les divers travaux publics du gouvernement, des départements et des villes. En effet, ces hommes, passant plusieurs années dans une oisiveté complète, excepté pendant les trois ou quatre heures d'exercice (occupation bien légère), prennent le goût de la paresse ; on les voit rôder tout le jour et se livrer à tous les vices, en sorte que lorsqu'ils ont fini le temps de leur service, ils apportent dans leurs foyers le goût du vice et de l'oisiveté; l'expérience a prouvé constamment que les soldats de toutes les nations et de tous les siècles ont été paresseux et vicieux tout le reste de leur vie ; ainsi, autant pour épargner que dans l'intérêt de la morale publique et surtout pour leur avantage personnel, qu'on emploie dorénavant les soldats aux divers travaux publics dans les villes et dans les campagnes. On les emploie aux routes dans l'Ouest de la France, on peut donc les employer à tous les divers travaux publics dans les campagnes de toutes les provinces et surtout dans les cités. On leur fera faire l'exercice les dimanches et les jours de fêtes.

CHAPITRE VI.

Maisons de Charité et secours à domicile.

Je dois encore signaler un abus, que la municipalité croit être une chose bien bonne : je veux parler des *maisons de charité et secours à domicile*. Si la municipalité interrogeait ou faisait interroger les gens pauvres, elle fermerait de suite et conséquemment vendrait ou emploierait à d'autres choses les maisons tenues par les Sœurs de Charité dans les paroisses. J'ai interrogé des gens pauvres, ils m'ont répondu : « On est bien malheureux, quand » on a besoin des secours de la paroisse : si vous saviez » ce que sont ces bouillons !!.... On dirait que la tisane » est faite avec la réglisse de bois ; les remèdes ne valent » pas la moitié de ceux des pharmaciens ; les Sœurs don- » nent aux gens qui leur plaisent, elles sont assez dures » pour refuser tout aux autres. » Voilà ce qu'on m'a dit.

Les vœux de la municipalité sont donc bien mal remplis par les Sœurs de Charité ; la ville fait là inutilement chaque année une dépense considérable ; ces maisons de secours ne font que favoriser les Sœurs de Charité, car elles passent là dedans la vie d'une manière très-heureuse aux dépens de la cité ; en effet, tout ce qu'elles donnent étant si faible, elles ne doivent pas dépenser tout l'argent que la ville leur donne ; le superflu rentre-t-il à la fin de cha-

que année dans la caisse municipale ? On fera bien donc
de supprimer les maisons de Charité des paroisses.

Néanmoins il faut que l'autorité municipale ait toujours
soin des classes indigentes dans leurs maladies : pour cela,
on n'a qu'à distribuer chaque année aux curés des paroisses de Toulouse l'argent qu'on donnerait tous les ans aux
Sœurs de Charité des paroisses ; les curés et les vicaires
distribueront cet argent aux indigents malades, qui feront
faire des bouillons et des tisanes à leur fantaisie chez eux
et qui enverront acheter de bons remèdes chez les apo-
thicaires. Les classes pauvres aimeront bien mieux que la
municalité agisse de la sorte envers elles. On confie
l'argent de la ville aux Sœurs de Charité, à plus forte
raison on peut le confier aux prêtres ; si on ne peut pas
se fier aux curés et aux vicaires, à qui faut-il se fier ?

Il faut fermer aussi les écoles tenues par les Sœurs de
Charité : les petites filles ne font que se dissiper entre
elles en allant à l'école ; elles prennent des goûts mon-
dains, elles s'accoutument à l'oisiveté ; il vaut mieux
qu'elles restent dans les maisons sous les yeux de leurs
mères ; les filles petites et grandes ne devraient jamais
s'éloigner de leurs mères. Où est la nécessité que les
femmes de la multitude sachent lire et écrire ? La lecture
et l'écriture ne leur servent de rien ; elles n'ont besoin
que de savoir travailler ; l'instruction ne devrait pas être
pour les femmes. On m'objectera peut-être que les sœurs
de charité leur donnent une éducation chrétienne ; nous
voyons que cette éducation ne leur sert de rien quand
elles sont grandes. D'ailleurs, les prêtres ne leur donne-
ront-ils pas toujours une éducation chrétienne dans les
églises ? On n'a qu'à prier les prêtres de les instruire chré-
tiennement plus souvent et plus longtemps.

Ainsi, j'espère qu'on supprimera bientôt les Sœurs de
Charité des paroisses, (c'est ce qu'on devrait faire appa-
remment dans toutes les villes.) Il faudra vendre leurs

maisons, ou y établir plusieurs administrations publiques.

Néanmoins il ne faut pas supprimer les médecins et chirurgiens des paroisses ; il faut que la ville consacre toujours une somme considérable chaque année aux maladies des indigents; il faut seulement employer un mode différent de distribution, car les communes rurales n'ont pas des Sœurs de Charité et néanmoins on y donne des secours aux malades pauvres. Si on ne charge pas les curés et les vicaires de distribuer l'argent destiné à leurs paroisses, il faudra prier les médecins et chirurgiens des paroisses de donner des bons aux malades, et d'y fixer les petites sommes à leur donner ; les parents ou amis iront présenter ces bons à l'Hôtel-de-Ville, et ces petites sommes leur seront payées sur-le-champ par le receveur municipal, ou dans un bureau établi exprès sous le nom de *bureau de Charité* (ouvert même les dimanches). Ces bons seront signés et datés par les gens de l'art; un grand nombre de bons seront imprimés au commencement de chaque année aux frais de la ville et distribués en quantité aux médecins et chirurgiens des paroisses ; pour prévenir la fraude, il faudra les numéroter tous et y apposer un cachet, une marque particulière. Les malades se procureront avec ces petites sommes les bouillons, tisanes et remèdes. Il faut que ces bons soient seulement de 6 fr., de 12 fr., de manière que les gens de l'art aient besoin de donner plusieurs bons dans la même maladie.

Voilà donc deux modes différents que je propose pour remplacer les *maisons de Charité et secours à domicile;* il me semble que par là les malades seront mieux soignés et que la ville épargnera.

J'aurais pu dire plus haut que les communes rurales n'ont pas des Sœurs de Charité pour instruire les filles pauvres; les lumières ne sont pas plus nécessaires aux filles pauvres dans les cités que dans les campagnes.

Pour épargner et pour que les malades soient bien traités, on n'a qu'à charger les médecins et chirurgiens des paroisses de donner des bons pour le pharmacien et pour le boucher, toutes les fois que les malades auront besoin d'envoyer chez le pharmacien et chez le boucher; il faut laisser aux malades le choix de leur boucher et de leur apothicaire. Si on craint que les particuliers ne fassent de faux bons, on n'a qu'à recommander aux médecins et chirurgiens des paroisses de prendre chaque jour copie de tous leurs bons sur un petit registre portatif *ad hoc*, qui leur sera fourni par la mairie; il faut leur recommander de dater et de signer toujours tout sur les bons et sur le registre. Qu'on augmente leurs appointements pour les indemniser de cette peine quotidienne. Les pharmaciens et les bouchers remettront leurs bons à la mairie le 1er de chaque mois ; on les leur paiera le 10 de chaque mois ; les médecins et chirurgiens remettront aussi à la mairie leur petit registre le 1er de chaque mois. On vérifiera tous les bons et tous les petits registres dans les bureaux de la mairie pendant les 10 premiers jours de chaque mois, pour voir si les uns s'accordent avec les autres. Il faudra donner un petit registre le 1er de tous les mois à chaque médecin et à chaque chirurgien des paroisses, (on fera mieux de leur donner douze petits registres le 1er janvier de chaque année.) Il faut que tous les bons soient imprimés et numérotés ; on fera bien même d'y apposer dans la mairie un petit sceau particulier. Alors on pourrait peut-être se dispenser de donner un petit registre aux médecins et aux chirurgiens. Si on emploie désormais ces moyens bien simples, la ville épargnera, beaucoup même, et les malades s'en trouveront mieux. Voilà les moyens qu'on emploie dans les communes rurales ; les malades pauvres des campagnes guérissent, quoiqu'ils n'aient pas des Sœurs de Charité.

CHAPITRE VII.

Fautes commises et Fautes à éviter.

On ne peut s'empêcher de dire que le conseil général de la Haute-Garonne et le conseil municipal de Toulouse ont fait plusieurs fautes depuis quelques années et que quelques-unes de ces fautes sont même graves. On n'aurait pas commis ces fautes, si on n'avait pas agi avec précipitation, si on avait consulté l'opinion publique; on aurait pu employer mieux les deniers publics. Nous critiquons nos aïeux, nos descendants ne manqueront pas de nous critiquer aussi; ils diront avec raison que nous ne sommes pas excusables d'avoir commis ces fautes, tandis que nous devons excuser nos ancêtres; nos descendants diront qu'il faut que nous n'ayons pas eu du tout de goût, puisque les fautes de nos aïeux ne nous ont servi de rien; ils diront que nous n'avons pas eu plus d'idée que nos pères. Comment a-t-on pu faire des fautes aussi grossières dans le dix-neuvième siècle? Chose étonnante! Nos aïeux n'auraient pas commis ces fautes.

Il est vrai que l'architecture monumentale est en décadence, en grande décadence; ce qu'on ne peut concevoir ! car elle n'a jamais été dans un état aussi pitoyable , pas même pendant les ténèbres du moyen-âge, (tandis que l'architecture privée est en progrès, en grand progrès). L'architecture monumentale est tombée dans la barbarie, (ainsi que le théâtre); en sorte que nous devons dire de l'architecture du dix-neuvième siècle, (ainsi que du théâtre), ce que Molière a dit de la poésie de son temps :

> Le mauvais goût du siècle en cela me fait peur,
> Nos pères tout grossiers l'avaient beaucoup meilleur.

6

Ce que je viens de dire s'applique particulièrement à notre nouveau Palais de justice.

1° Comment a-t-on pu avoir l'idée de construire l'Ecole vétérinaire au bout de l'allée Lafayette? Jusqu'où peuvent donc aller le faux goût et l'aveuglement! Qui a eu cette idée si mauvaise?... Comment a-t-on pu avoir assez peu de goût pour borner cette promenade, encore même dans un quartier qui s'agrandira toujours? On s'est montré là aussi peu prévoyant que nos ancêtres, quand ils ont fait les rues étroites et les places publiques petites; nos descendants ne manqueront pas de se fâcher contre nous, ne pouvant pas prolonger l'allée Lafayette jusques à la colline des Redoutes; nous-mêmes nous aurions peut-être prolongé cette promenade jusques à cette colline ; d'ailleurs, ce bâtiment détruit tout le charme de l'allée. On a fait une double faute envers l'Ecole vétérinaire, 1° Il ne fallait pas la construire dans cet endroit, et 2° quel que soit l'endroit où on l'aurait bâtie, il ne fallait pas faire un édifice aussi beau ; une Ecole vétérinaire n'a pas besoin d'être jolie, puisque les colléges et les séminaires ne sont pas beaux. On fera tôt ou tard de ce bâtiment une Caserne, ou un Hôpital. Je dis dans un autre chapitre ce qu'il faut faire pour réparer un peu la grande faute qu'on a commise envers l'Ecole vétérinaire. Je ferais un article bien long, si je disais tout ce que l'indignation et la pitié me font penser à ce sujet; je me bornerai à dire que cette Ecole vétérinaire est bien critiquée sous plusieurs rapports par tous les habitants de Toulouse.

Il fallait laisser cette Ecole où elle était au commencement, rue des Trente-six-Ponts, dans la grande maison Puymaurin ; on n'avait qu'à construire des bâtiments simples dans le vaste terrain dépendant de cette maison, pour rendre l'Ecole assez grande; il est bien surprenant qu'on ne l'ait pas laissée dans cet endroit; un tel établissement doit être au fond d'un faubourg vilain et peu fréquenté, non pas dans un brillant quartier.

2⁰ On a fait aussi une faute envers l'allée Lafayette; il
fallait obliger les riverains de laisser un espace de quelques
mètres entre les deux chemins latéraux de l'allée et les maisons qu'ils ont bâties ; ils auraient fait des cours ou des parterres dans ces petits espaces; car bientôt, si on veut prendre
l'air, il faudra aller se promener ailleurs que sur l'allée
Lafayette ; ce ne sera bientôt qu'une rue très large avec
des arbres.

3⁰ Je suis encore dans la dure nécessité de signaler
une troisième faute dans le beau quartier Lafayette : les
maisons de la place Lafayette ne sont pas proportionnées
à l'étendue de cette place ; il faudrait qu'elles eussent un
étage de plus; il faudrait même que les fenêtres fussent
plus grandes.

4⁰ J'ai à dire la même chose de notre célèbre et beau
Capitole : il fallait y faire un étage de plus, quoique la
place du Capitole fût petite à l'époque où cet édifice
fut construit.

5⁰ Le Palais de justice mérite bien d'être critiqué aussi;
c'est une grande maison bourgeoise ; je ne puis pas appeler
ce bâtiment un Palais : on n'a pas même su tirer parti du
grand espace qui était consacré à cet édifice : car une
grande partie de ce bâtiment consiste en vestibules, cor-
ridors et escaliers. La salle de la Cour d'assises est juste-
ment critiquée par tout le monde; cette salle est tout ce
qu'il y a de beau dans ce Palais, et néanmoins elle a de
graves inconvénients. Il fallait construire le Palais où est
la Maison de justice, et la Maison de justice au fond du
Palais, près de l'Observatoire. On aurait fait une cour un
peu vaste devant la façade du Palais, on aurait placé une
grille dorée devant cette Cour sur la ligne occupée par
la façade de la Maison de justice. Les habitants et les
étrangers auraient, en passant, l'agrément de voir une belle
grille et la façade d'un Palais, tandis qu'ils ont la douleur
de voir une prison. La Maison de justice aurait sa porte

sur la place de la Monnaie. Heureusement on est encore
à temps à faire une autre salle pour la Cour d'assises : on
n'a qu'à construire une salle dans l'espace compris entre
la cour de la grille dorée et la rue du Palais, espace
occupé par plusieurs maisons qu'on doit démolir, dit-on,
pour terminer le Palais. Il faudra pratiquer une communication entre cette nouvelle salle de la Cour d'assise et
la Maison de justice. Néanmoins on peut utiliser toujours
la magnifique salle actuelle de la Cour d'assises : il faudra
que la chambre des appels de police correctionnelle y
tienne ses audiences ; cette salle sera très bonne pour
la police correctionnelle ; d'ailleurs la chambre de police
correctionnelle est bien mal placée maintenant. Si on construit une nouvelle salle pour la Cour d'assises, j'espère qu'on
évitera les grandes fautes qu'on a commises à la salle actuelle. Il faudra conserver toujours le corridor qui conduit
de la Maison de justice à la salle actuelle des assises ; on
pourra en avoir besoin. Je ne conçois pas comment on
a pu faire un Palais de justice aussi mesquin au dehors
et aussi mal disposé.

Quand on a construit la Maison de justice et quand
on a reconstruit le Palais de justice, il fallait faire ces
deux bâtiments dans le jardin de la ville, rue Rivals ; on
aurait acheté plusieurs cours et jardins voisins, ainsi que
toutes les maisons de la rue Rivals et de la rue Matabiau
jusques à la Maison d'arrêt ; on aurait acheté aussi les jardins
jusques à la rue Caussette. On aurait pu faire là un vaste
Palais et une vaste Maison de justice ; on aurait fait des
communications entre ces trois bâtiments. Il aurait fallu
même transférer le Tribunal de première instance dans
ce nouveau Palais de justice. Il faudrait que la façade de
ce Palais fût sur la rue Rivals, ainsi que sur la rue Matabiau jusques à la Maison d'arrêt ; la façade de la Maison
de justice s'étendrait sur la rue Caussette. Si ce nouveau
Palais n'était pas assez grand pour contenir aussi le Tri-

bunal de première instance, on aurait laissé ce Tribunal où il est, en sorte que le Tribunal civil et la Cour royale ne seraient séparés que par une rue.

Mais on dit qu'on ne peut pas disposer du terrain nommé le Jardin de la ville; s'il est vrai que ce jardin n'appartienne pas à la ville et si on ne peut pas l'acquérir, il fallait construire le Palais de justice et la Maison de justice dans le jardin des Cordeliers, qui a été vendu à Lissençon; le jardin des Cordeliers était assez vaste pour contenir ces deux bâtiments avec une grande cour. On aurait pu même y loger le Tribunal de première instance et y bâtir la Maison d'arrêt, (on aurait tiré un bon parti des bâtiments et terrains qui forment la Maison d'arrêt); le Jardin des Cordeliers était assez vaste pour contenir tout ce que je viens de dire, car on aurait pu étendre ces bâtiments le long de la rue des Lois jusques à la rue de la Faculté de droit; il ne fallait pas manquer de réunir dans ce terrain spacieux tout ce qui concerne la justice; il fallait au moins y bâtir la Maison de justice et le Palais de la Cour souveraine; alors nos Tribunaux et nos maisons de réclusion ne seraient pas loin les uns des autres; d'ailleurs le Palais de la Cour royale est mal situé, étant à l'extrémité de la ville.

6° On reconstruit l'hôtel de la Bourse; voilà encore une folle dépense que fait la ville. Toulouse n'a pas besoin d'une bourse grande ni belle; cette bourse, telle qu'elle était, était assez grande et assez jolie pour notre cité.

7° Mais la plus grande faute que la municipalité de Toulouse a faite de nos jours, c'est d'avoir demandé une Ecole des arts et métiers. Quelle mauvaise idée la ville et le gouvernement ont eu là, en croyant avoir une idée bien bonne! jusqu'où peut donc aller l'aveuglement! En créant une Ecole des arts et métiers ici, on n'a pas considéré qu'il y aura trop de jeunesse à Toulouse, on ne s'est pas aperçu qu'on augmente le germe des émeutes. Une riva-

lité naîtra entre les ouvriers de l'école et les ouvriers de
la ville ; on aura souvent à déplorer des rixes entre les
uns et les autres ; des disputes, produites par l'orgueil ,
par le mépris, auront lieu même entre les ouvriers des
différentes professions élèves de l'Ecole ; il n'y a que des
rixes à attendre d'une nombreuse jeunesse, surtout d'une
jeunesse sans éducation. Il fallait bien se garder de créer
une Ecole des arts et métiers dans une grande ville ; on
fait mal même de créer une telle Ecole dans le Midi ,
parce qu'un rien cause des disputes dans cette partie
de la France ; Aix et Marseille demandaient aussi cette
Ecole ; on aurait très mal fait de l'établir dans la Provence; il
fallait la créer dans le centre, à Clermont ou à Limoges ;
on se repentira tellement de l'avoir placée à Toulouse
qu'on sera peut-être dans l'obligation de la fermer tôt ou
tard. Si le conseil municipal de Toulouse a demandé cette
Ecole par spéculation, il s'est bien trompé dans son calcul,
car la ville a voté 500,000 fr. (peut-être même davantage);
l'intérêt de cette somme est 25,000 fr. ; je demande si
cette Ecole fera entrer 25,000 fr. chaque année dans les
caisses de l'octroi ? Est-ce pour favoriser les habitants de
la ville ? Les élèves de cette Ecole seront des gens
pauvres ; les gens pauvres sont très utiles dans les campagnes , mais ils ne sont qu'à charge dans les villes ; si
ces jeunes gens étrangers favorisent Toulouse, ils ne favo-
riseront que les gargottes et les cabarets ; or, c'est là que
les rixes ont lieu. Le conseil général de la Haute-Garonne
a voté aussi une somme pour cet établissement ; ce conseil
et celui de la ville n'ont pas considéré que ce sera une
charge pour le département et pour la cité ; on trouve
donc que le département et la ville n'ont pas payé assez
de charges depuis quelques années? On trouve donc qu'on
n'a pas fait assez de fautes à Toulouse ; on nous a fait un
présent funeste en nous donnant l'Ecole vétérinaire, puisque la ville n'en retirera pas l'intérêt de la somme énorme

qu'elle lui a coûtée; on ne s'est pas aperçu que l'Ecole des arts et métiers sera un autre présent funeste. Comment l'esprit d'imprévoyance et d'erreur a-t-il pu s'emparer autant de deux conseils! Comment cet esprit de vertige a-t-il pu s'emparer aussi du gouvernement! Les conseils généraux de plusieurs départements voisins ont prié le gouvernement de placer cette Ecole à Toulouse, ils ont bien fait, car leurs départements jouiront des résultats de cette Ecole sans avoir contribué du tout à cette dépense. D'ailleurs je prétends que les Ecoles des arts et métiers sont inutiles, parce que l'industrie est bien avancée maintenant et parce que toutes les villes possèdent des ouvriers maîtres fort habiles dans toutes les professions. Il faut éviter de réunir un grand nombre de jeunes gens dans la même ville; on veut donner donc beaucoup de travail à la police de Toulouse. Notre ville sera bien souvent affligée de querelles, le repos des citoyens sera troublé quelquefois la nuit, les mœurs y perdront; or, les mœurs sont assez dépravées à Toulouse; les pères et les maris n'auront pas l'esprit tranquille; en un mot, cette Ecole sera une source de désordres et de délits, oui, je ne crains pas de le dire, on se repentira de l'avoir créée à Toulouse. On n'a pas considéré que par là notre ville réunira des jeunes gens de toutes les provinces méridionales; or, les gens du Midi ont souvent dispute.

En un mot, le gouvernement nous a fait un présent bien funeste en nous donnant l'Ecole vétérinaire, 1° parce que cette Ecole a coûté bien cher à la ville et au département, 2° parce que cette Ecole gâte un quartier de Toulouse, précisément le plus beau quartier. Le gouvernement a fait aussi un présent bien funeste à notre ville, en lui accordant l'Ecole des arts et métiers.

Ainsi, puisqu'on y est encore à temps, que le conseil municipal de Toulouse prie le gouvernement d'établir cette Ecole dans une autre ville. D'abord, je prétends qu'il ne faudrait la créer nulle part ; cependant si on persiste à l'établir, qu'on l'établisse dans le Centre, et non dans le Midi, parce que tout, dans le Midi, contribue à produire des querelles. Si absolument on veut la créer dans le Midi, qu'on l'établisse à Montauban ou à Carcassonne. Je prétends qu'on fera mal de la placer dans toute autre ville du Midi. Si on établit cette Ecole à Toulouse, je prédis beaucoup de travail à la police tous les dimanches et toutes les fêtes.

Si, malgré tout ce que je viens de dire, on place cette Ecole dans notre ville, il faut espérer qu'on ne gâtera pas un quartier, en construisant son édifice, comme on a gâté le quartier Lafayette en faisant l'Ecole vétérinaire.

8° Le conseil municipal et le conseil général demandent aussi depuis longtemps une Faculté de médecine. Si on accordait cette Faculté à Toulouse, ce serait une calamité pour notre ville. Cette Faculté aurait les mêmes inconvénients qu'une Ecole des arts et métiers : il y aurait trop de jeunesse à Toulouse ; une rivalité naîtrait entre les élèves des Facultés de droit et de médecine ; les duels seraient fréquents entre eux ; les familles n'auraient pas l'esprit du tout tranquille sur leurs enfants qui seraient à Toulouse. Comment les conseils de la ville et du département n'ont-ils pas reconnu les graves inconvénients attachés à ces grandes réunions de jeunes gens ! ces deux conseils ne songent pas donc que la jeunesse est turbulente et inconsidérée ! Puisqu'il y a du danger à réunir un grand nombre de jeunes gens, qu'on ne demande plus cette Faculté pour Toulouse. D'ailleurs, les Facultés de médecine doivent n'être établies que dans des villes très populeuses. Je suis bien fâché d'être obligé de dire que les conseils du département et de la cité n'ont pas raisonné en demandant une Faculté de médecine et une Ecole des arts et métiers.

9° On a fait encore une autre faute que je ne puis m'empêcher de déplorer : quand on a construit le grand aqueduc de la ville, il fallait le faire hors de la ligne